U0056259

圖解 超易懂 微積分

掌握乘除概念，從入門到實用一應俱全

海上自衛隊數學教官
著 佐佐木淳

譯 陳朕疆

前言

「這也是生物的Saga吧。」

在年號變為平成之際，我正沉迷於一款角色扮演遊戲之中。

這個角色扮演遊戲中有一個城鎮，城鎮中心有一座直達天際的塔。民眾間謠傳「塔頂有一個樂園」。

許多人以那個樂園為目標闖入塔內，卻沒有一個人回來，這就是遊戲的背景。做為主角的冒險者也是以打開塔的大門，攻至塔頂為目標。主角的爬塔過程中遭遇了許多困難，不過在一位戴著絲質禮帽的謎之男子協助下，主角順利抵達了塔頂的樂園。

然而，在主角抵達塔頂時，那個過去協助主角攻頂、戴著絲質禮帽的男子，以幕後黑手的身分現身在主角面前，說出了「這也是生物的Saga吧」這樣的台詞。

Saga，指的是與生俱來的性質。

日本的數學教育水準相對較高，也因此使不少高中以下的人們會覺得數學很困難。

但是，如果因為覺得困難就不關心數學的話，應該不會翻開這本書才對。明明覺得困難，為什麼會被這本書吸引呢？為什麼會關心起數學主題的書籍呢？或許「這也是我們人類的Saga」吧。

自我介紹有點遲了。我在海上自衛隊擔任教官，教導飛行預官們數學知識。許多人聽到我「在自衛隊教數學」時會相當驚訝。但事實上，自衛隊內有學校，學校內有著各式各樣的課程。

海上自衛隊有一個飛行員學校，專門培養飛行預官，我就在這裡工作。微積分是飛行預官的數學課程之一。微積分是高中理組的必修科目，但自衛隊的學生們有不少

人很討厭微積分。

討厭微積分的理由很多，不過主要原因通常是不曉得微積分是在幹嘛，只是一個勁地練習計算題，而且題目還會越來越難，所以學生們也越來越討厭。

在一開始介紹的「角色扮演遊戲」中，許多人挑戰攻上塔頂，卻沒能成功。這或許和學習微積分的過程有些相似。

為了不讓這些挑戰者們在面對一連串的微積分題目時迷失方向，需要有一個絲質禮帽男子的角色，持續引導、幫助他們，使他們不會輕易放棄。

不只是微積分，在數學領域中，只要些許建議，往往就能夠讓學生克服害怕困難的心理，提升成績。在我平常教導的飛行預官中，就有許多人成功克服了害怕數學的心理，成績大幅提升。

希望本書能扮演絲質禮帽男子般的角色，提供許多微積分的應用實例，幫助那些已經放棄學習微積分的主角們克服心理障礙。閱讀完本書之後，您一定能看到過去不曾見過的風景。說不定那就是名為「樂園」的地方。

眼前是一座名為微積分的高聳巨塔，接著，就讓我們打開巨塔的大門吧。

2020年8月　佐佐木淳

目次

第 1 章　學習微積分之前的準備

第 2 章　微分的本質是除法

第3章　積分的本質是乘法

第4章　身邊常見的微積分例子

第5章　賦予角色生命的微積分

第1章

學習微積分之前的準備

01 常見於現實生活中的「微積分」

✏ 微積分有什麼用途呢？

聽到微積分，可能會讓您想到高中時硬背下來、卻不知道在幹嘛的公式，以及複雜的計算過程。想必有不少人就是因為不曉得微積分實際上有什麼用途，進而排斥這門學問。

微積分是用來**預測事物瞬間變化的工具**。舉例來說，像是汽車的車速錶、飛機起飛／落地速度計算、人造衛星或火箭的軌道計算、化石的年代測定、經濟狀況的變化、畫出高速公路或雲霄飛車彎道的羊角螺線、颱風路徑預測、Twitter「流行趨勢」中熱門關鍵字的演算法等等，都會用到微積分。微積分是一種非常實用的工具，能在各種領域中發揮其用途。

✏ 最近發展起來的微積分應用

近年來，我們常可聽到人工智慧、機器學習等名詞。微積分可以說是機器學習的必要學問。在瞭解微積分原理之後，便能加深對這些尖端技術的理解。而本書會在不列出複雜算式的情況下，介紹微積分的概念。

我們的周圍充滿了微積分的應用！

● 我們周圍的微積分

車速錶

人造衛星
軌道計算

颱風路徑
預測

化石
年代測定

高速公路的
彎道角度

手機的
殘存電量

櫻花開花
時間預測

Twitter的
流行趨勢

● 使用微積分的最新技術

人工智慧　　　機器學習　　　深度學習

微積分　　是這些技術的基礎

02 揭露微積分的本質
加、減、乘、除

接著就讓我們開始來學習微積分吧。若想掌握微積分的概念，可以先試著從各種角度重新觀察「加、減、乘、除」的意義。本節就讓我們來看看「加、減、乘、除」的本質吧。

✏️ 加法的相反是減法、乘法的相反是除法

如右圖所示，加法的相反是減法、乘法的相反是除法。精確來說，這種逆向運算的方法，稱做逆運算。

✏️ 乘法是加法的應用

接著讓我們把焦點放在加法與乘法的關係，以及減法與除法的關係。舉例來說，若要計算 $3 + 3 + 3 + 3 + 3$ 的結果，可以像下面這樣把 3 一個個加起來：

$$3 + 3 + 3 + 3 + 3 = 3 + 3 + 3 + 6 = 3 + 3 + 9 = 3 + 12 = 15$$

不過寫成 $3 \times 5 = 15$ 時顯然快得多，也能得到正確答案。相同數值的連加可以寫成乘法，所以我們可以說**乘法是加法的應用**。

從蘋果的計算開始學習微積分的概念

● 加、減、乘、除之間的關係

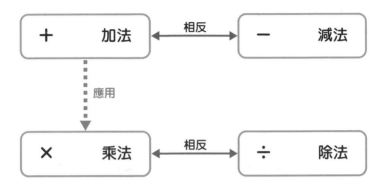

● 加法與乘法的關係

$$3+3+3+3+3 \ = \ 3+3+3+6 \ = \ 3+3+9 \ = \ 3+12 \ = \ 15$$

$$\underbrace{3+3+3+3+3}_{\text{5 個 3 相加}} \ = \ 3×5=15$$

$$×5$$

「乘法」可以想成是「加法」的應用

03 除法是減法的應用

減法與微分息息相關

看過前一節內容後，可能你會想，既然乘法是加法的應用，那麼除法是否也是減法的應用呢？

舉例來說，一般我們會把「$6 \div 2 = 3$」看成是「$3 \times 2 = 6$」的逆運算，但其實我們也可以把這個除法看成是「**6減去幾次2之後會變成0**」。故可得到以下結果。

$$6 - 2 = 4 \qquad \text{：減去1次2}$$
$$6 - 2 - 2 = 2 \qquad \text{：減去2次2}$$
$$6 - 2 - 2 - 2 = 0 \quad \text{：減去3次2}$$

6減去1次2後為4，6減去2次2後為2，6減去3次2後為0，故可得到$6 \div 2 = 3$。這種**將除法視為減法應用**的概念，可以用在許多情況。

舉例來說，我們曾在小學時學過，計算分數除法時，需「乘上倒過來的除數」，但要說明為什麼要這樣算並不容易。這是因為，如果我們將除法視為乘法的逆運算，就很難用日常生活的例子來說明「分數的除法」為什麼要這樣算。

此時，「除法是減法的應用」這個概念就能派上用場了。減法常用在比較數字大小的時候。如果把除法視為減法的應用，那麼在比較大小時就可以使用除法。微分就是由這種想法衍生出來的計算方式。

奠定微積分概念的四則運算關係

● 除法是減法的應用

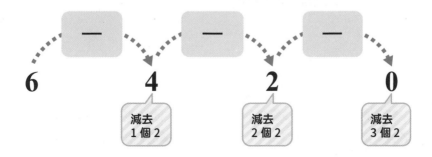

● 加、減、乘、除之間的關係

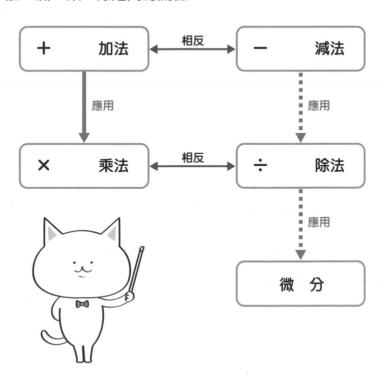

04 乘法與積分彼此對應

盒裝蛋就是乘法的化身！

用盒裝蛋來說明乘法

如右頁圖所示，2個蛋成對，共有5對。因為蛋在運送過程中可能會破裂，所以通常會裝在盒子內販售。這種**裝成一盒的行為，就是在做乘法**。把盒子與蛋置換成正方形與○，如右頁圖示。置換之後，一個縱行、一個橫列分別有多少個正方形呢？像這樣用簡單的形狀置換之後，計算起來就會簡單許多。

在這個問題中，一個縱行有2個正方形，一個橫列有5個正方形，故正方形總數為 $2 \times 5 = 10$。右頁圖中，如果把裡面的格線拿掉，可以得到一個大長方形，縱長為2，橫寬為5，故面積為 $2 \times 5 = 10$。所以說，**乘法可以想成是計算一個形狀的面積**。不過，用面積來表示一個數會顯得有些抽象，如果改用乘法來表示的話就會具體許多。

具體（蛋）　　　抽象（正方形與○）

數學領域中，常會像這樣把事物簡化計算。這種「乘法＝面積」的概念，就與積分息息相關。

積分可以理解成乘法計算、面積的概念

2個蛋成對，
共有5對

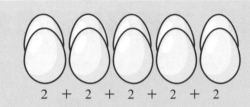

2 ＋ 2 ＋ 2 ＋ 2 ＋ 2

1盒有2×5個
（乘法的概念）

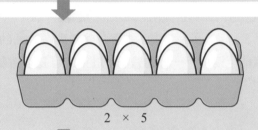

2 × 5

簡化成
簡單的形狀

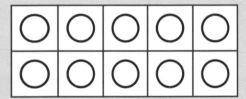

想成是在
計算面積

長方形面積

「乘法」可以簡化面積的概念
「面積」可以讓乘法恢復成具體的樣子

05 藉由分配蘋果 來理解除法概念

　　本節中，我們會透過具體的題目，從「乘法的相反」與「減法的應用」這兩個角度說明「除法」的意義。以 6÷2 為例，答案顯然是 6÷2 ＝3。但為了讓您能從身邊的例子理解除法的不同概念，下面把 6÷2 寫成了兩種不一樣的題目。以下題目是否會讓你自然聯想到這個算式呢？

🖊 將6÷2寫成題目　其一

Q 將6顆蘋果平分給A與B等2人，A與B分別可以拿到幾顆蘋果？

　　當然，答案是 6÷2 ＝3。如右頁圖所示，將蘋果分成兩份，分別交給A與B。不過 6÷2 還可以寫成另一種題目。

🖊 將6÷2寫成題目　其二

Q 將6顆蘋果分下去，每人拿2顆蘋果，總共可以分給幾個人？

　　這個題目的答案也是 6÷2 ＝3，不過概念上與 其一 形式不同，如右頁圖所示。這類題目不太常碰到，但其實可以應用在許多情況。
　　從這兩種角度來理解除法時，除法的答案（商）可能會不一樣。我們將在下一頁介紹這點。

第2章
第3章
第4章
第5章

從兩種角度來看除法

● 將6顆蘋果平分給A與B等2人

A拿3個　　　　B拿3個

● 將6顆蘋果分下去，每人拿2顆蘋果

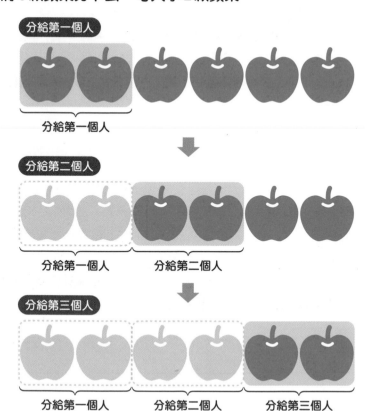

✏ 除不盡時如何表示……？

前面的例子是 $6 \div 2 = 3$，答案只有一種寫法。不過我們在小學時也有學過，有些除法無法整除，譬如 $7 \div 2$。

$$7 \div 2 = 3.5$$

這是其中一個答案。不過小學學習除法時，應該還會學到另一種答案才對，那就是：

$$7 \div 2 = 3 \,餘\, 1$$

國中以後，答案就不會出現「餘 1」這種寫法了。那麼，為什麼除法會有兩種不同的答案呢？

這是因為，有時候我們把除法看成「乘法的逆運算」，有時候則會看成「減法的應用」。

✏ 除法是「乘法的逆運算」，還是「減法的應用」？

請看右頁圖片。「$7 \div 2 = 3.5$」是把除法看成乘法的逆運算。意思是把 7 顆蘋果分給 2 個人時，1 個人可以拿到 3.5 顆（3 顆加上半顆）。

相較之下，「$7 \div 2 = 3 \,餘\, 1$」則是一次減去 2 顆蘋果，減到不能再減時，剩下 1 顆，如右頁圖所示。這種想法可以看成「減法的應用」。也就是說，$7 \div 2$ 的答案是「3.5」還是「3 餘 1」，**取決於你把除法看成「乘法的逆運算」還是「減法的應用」。**

除法的兩種答案

● 將7顆蘋果平分給Ａ與Ｂ等2人（乘法的逆運算）

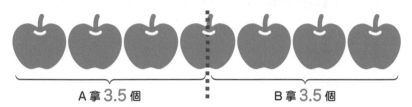

Ａ拿 **3.5** 個　　　　Ｂ拿 **3.5** 個

● 將7顆蘋果分下去，每人拿2顆蘋果（減法的應用）

分給第一個人

分給第一個人

分給第二個人

分給第一個人　　　分給第二個人

分給第三個人

分給第一個人　　　分給第二個人　　　分給第三個人

剩下**1**顆

為什麼計算分數除法時，要「乘上倒過來的數」？

看完除法的兩種概念後，接著要說明的是許多人自小學以來就抱持的疑問。**為什麼計算分數除法時，要「乘上倒過來的數」？**

以 $3 \div \frac{1}{2}$ 為例。

如果和之前一樣，將除法視為「乘法的逆運算」的話，會不好理解這個算式在算什麼。

如右頁圖所示，若將「$3 \div \frac{1}{2}$」寫成題目的話，會變成：

> **Q** 將 3 塊披薩平分給 $\frac{1}{2}$ 個人，每人可以吃到多少塊披薩？

$\frac{1}{2}$ 個人的概念實在不大容易想像。不過如果把「$3 \div \frac{1}{2}$」想成是「減法的應用」的話，題目可以寫成這個樣子。

> **Q** 將 3 塊披薩分下去，每人拿 $\frac{1}{2}$ 塊，可以分給幾個人？

如右頁圖所示，看起來簡單許多。

計算過程如下：

$$3 \div \frac{1}{2} = 3 \times 2 = 6$$

答案為 6 塊。可見將「除法」視為「減法的應用」，比較好理解「$\div \frac{1}{2}$」與「$\times 2$」之間的關係。

如果這裡使用很小的除數，就是所謂的微分。所以說，只要理解分數的除法，就能理解微分。

分數的除法很難想像成「乘法的逆運算」

● 將 $3 \div \dfrac{1}{2}$ 想成乘法的逆運算

Q 將3塊披薩平分給 $\dfrac{1}{2}$ 個人？

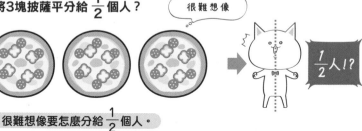

很難想像

$\dfrac{1}{2}$ 人!?

很難想像要怎麼分給 $\dfrac{1}{2}$ 個人。

● 將 $3 \div \dfrac{1}{2}$ 想成是減法的應用

Q 將3塊披薩分下去，每人拿 $\dfrac{1}{2}$ 塊？

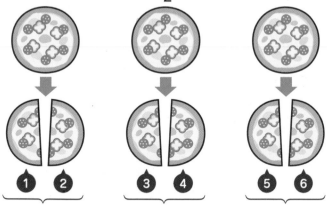

① ② ③ ④ ⑤ ⑥

大小變成原來的 $\dfrac{1}{2}$ ，所以可以分給 2 倍的人數！

$$3 \div \dfrac{1}{2} = \qquad 3 \times 2 = 6$$

倒數關係

因為有這層關係，所以「計算分數除法時，要乘上倒過來的數」！

21

為什麼不能除呢？

06 不能除以0

雖然有點突然，不過請你試著用iPhone或其他智慧型手機計算「$6 \div 0$」。結果如右頁圖所示，會在螢幕上顯示錯誤（或是E、Error）、0不能當除數、infinity（無限）等。

可能有些人會想，答案不是0嗎？這裡就讓我們用之前提到的所有知識，確認這則除法的答案吧。

✏️ 試將「除以0」寫成題目

首先，如果將$6 \div 0$寫成題目的話會變成什麼樣子呢？如果把除法視為乘法的逆運算，題目可寫成：

Q 將6顆蘋果平分給0個人，每人可以拿到幾顆？

很難想像要怎麼分對吧。

若將除法視為減法的應用，題目可寫成：

Q 將6顆蘋果分下去，每人拿0顆，可以分給幾個人？

一樣很難想像要怎麼分。

因為算不出答案，所以會出現錯誤。

若是不瞭解數學式的意義，可以先試著寫成應用題題目，這是理解的第一步。疑惑的時候，就先把概念化為文字吧。

計算機顯示的奇怪結果，與微分有關

● 用計算機計算÷0的話……

用iPhone計算「÷0」

用Android手機計算「÷0」

用PC計算「÷0」

用電子計算機計算「÷0」

在法國旅行時學到的自然數概念

▌為什麼自然數從1開始算起，不是從0開始算起？

我曾被問過「為什麼自然數從1開始算起，不是從0開始算起？」。事物會遵循特定規則運行，數學也一樣，而數學領域中就是這樣定義自然數的。

日本在高中以前的數學中，會將1以上的整數1, 2, 3, 4 ……定義為自然數。此外，某些情況下，會定義0以上的整數為自然數。定義變來變去的話，只會讓學生感到混亂，所以高中以前的數學會統一自然數的定義。

不過，被問到這個問題時，如果「回答」「因為是定義」的話，就顯得太無趣了，所以我會回答「雖然日本的自然數規定從1開始算起，但其他國家就不一定了」。這是基於我過去的經驗而說出來的答案。

▌從0開始算？還是從1開始算？

在進入碩士班就讀之前的二月，我與研究室的朋友一起參加了一個法國旅行團。抵達法國，在旅館check in後走入電梯，在我將要按下樓層鈕時，我與朋友疑惑了一下，因為電梯樓層鈕中有一個是「0」。當然，我們馬上就聯想到那相當於日本的1樓。不過實際在國外旅行時，確實常會對這些小事情感到疑惑。有些電梯還會標示樓層「G」。

G是指ground floor，也就是0樓。不過有些電梯的「G」指的是「1」樓，有些指的是「-1」樓，並沒有統一（補充一下，法國的地下1樓、地下2樓不像日本這樣寫成B1、B2，而是寫成-1、-2）。

聽到旅行團導遊說「法國的建築樓層不是從1樓開始算起，是從0樓開始算起喔」之後，我才實際感受到「自然數的定義真的會因為居住國家

而有所不同」。隔天我們去參觀了羅浮宮，入館時的樓層也確實是0樓。

　　美國與日本一樣，建築樓層從1樓開始算起。但讓人困擾的是，在美國、英國、法國等不同的國家，同樣的英文標示，指的可能是不同的樓層。

　　由此可以看出不同區域對自然數可能有著不同定義。各位在國外旅行時也請多注意。

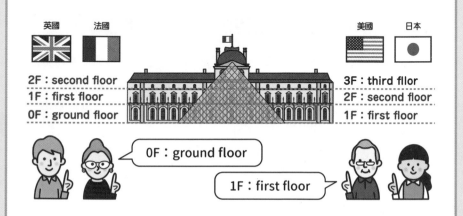

07 用 x 與 y 的圖
來描述 x 與 y 的關係

✏️ 看到未知事物時，先假設它是某個東西，然後繼續前進！

從算術領域進入數學領域時，一定會碰到一種狀況。那就是沒辦法直接寫出答案，所以算不下去。算術問題中，會使用加、減、乘、除等工具一步步算出答案。但在數學問題中，有時沒辦法像這樣直接算出答案。

碰到這種情況時，請不要暴力硬算。而是讓「未知事物」保持「未知」，假設它是某個數。此時便會用到代表未知的字母「x」與「y」。

🏠 什麼時候會用到字母？

有兩種情況會使用字母代表數，分別是「不知道數值是多少時」，以及「數值會變化時」。「不知道數值是多少時」所使用的「x」與「y」稱做未知數，「數值會變化時」所使用的「x」與「y」稱做變數。

「x」、「y」等字母不僅能寫成式子，也可以畫成圖，一目瞭然。將數字的位置視覺化，再加上兩條彼此垂直的數線後，就可以得到座標平面。次頁將簡單介紹什麼是座標平面。

瞭解「x」的兩種意義

● 【未知數】與【變數】的「x」

？ ──────→ *x*

不知道數值是多少　　　以字母表示　　　稱做「未知數」

◆ 考慮購買每瓶150日圓的能量飲料時的花費

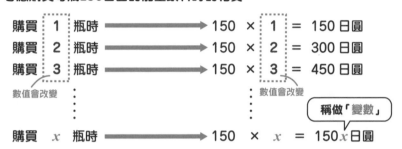

購買　**1**　瓶時 ──────→ 150 × **1** = 150 日圓
購買　**2**　瓶時 ──────→ 150 × **2** = 300 日圓
購買　**3**　瓶時 ──────→ 150 × **3** = 450 日圓

數值會改變　　　　　　　　　　　數值會改變

稱做「變數」

購買　*x*　瓶時 ──────→ 150 × *x* = 150*x* 日圓

● 從數線到座標平面

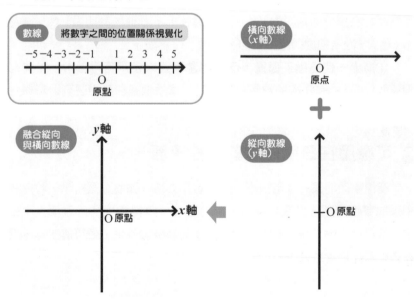

數線　將數字之間的位置關係視覺化

−5 −4 −3 −2 −1　　1　2　3　4　5

O
原點

橫向數線
（*x*軸）

O
原点

＋

融合縱向
與橫向數線

*y*軸

*x*軸

O 原點

縱向數線
（*y*軸）

O 原點

08 笛卡兒作夢夢到的 「座標平面」

「座標平面」是什麼？

接下來要說明的座標、座標平面是微積分的必要知識。

座標平面如右頁圖所示，由兩條彼此垂直的數線組成。用直線畫出方格後，便可將數字視覺化。所謂的座標，就是用數字來表示方格上的某個特定位置。

舉例來說，從正中央的原點往右移動3，往上移動2，就會來到座標為（3, 2）的位置。另外數線的正中央稱做原點，英文為Origin，故以O來表示。原點座標（0, 0）。

兩條數線稱做軸，兩軸相交於原點。一般會用 x 與 y 來代表軸，從原點往左右延伸的軸叫做 x 軸，從原點往上下延伸的軸叫做 y 軸。這種由 x 軸與 y 軸所組成的座標平面，稱做「xy 平面」。

建構出一個座標平面後，便可用數學式來表示各種圖形。首先想到這個IDEA的是法國的數學家笛卡兒，據說他是在夢中想到這個概念的。

可應用在日常生活的座標平面

座標平面的某些應用中不一定要畫出方格。如右頁圖所示，設座標平面的雙軸分別代表重要程度與緊急程度，將待處理的工作填入平面中，就可以排出工作的優先順序。**動點腦筋稍加變化，便可將座標平面有效應用在日常生活中。**

簡單介紹笛卡兒提出的座標平面

● 座標平面

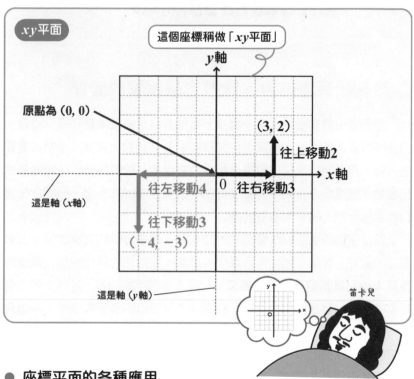

● 座標平面的各種應用

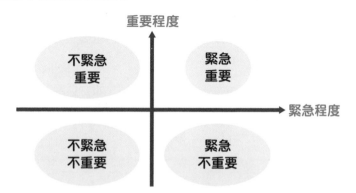

09 座標平面與 熱門商品的關聯

🏠 改變吸管粗細後，味道也會跟著改變!?

　　我們每天都會喝水、茶、咖啡，這些飲料可能是用寶特瓶、紙盒、免洗咖啡杯盛裝販賣。覺得這些飲料和數學有關的人應該不多吧。事實上，有一門學問就是在用數學分析人們對食物、飲料的偏好，稱做口感工程學。這裡就讓我們用盛裝濃縮咖啡的免洗咖啡杯為例，介紹什麼是口感工程學吧。請參考右頁的圖。

　　製作這種用免洗咖啡杯盛裝的商品時，需多方面研究與檢討，調和苦味、風味、香味，才能得到最佳的結果。在這個過程中發現，**吸管的直徑大小可以調整「苦味的強度」**，將濃縮咖啡的特殊「苦味」調整至恰當的程度，呈現出最「美味」的咖啡。用較粗的吸管飲用時，喝起來會比較「清淡」；用較細的吸管飲用時，喝起來會比較「苦」。我常去的咖啡館也會依照飲料種類給客人不同粗細的吸管。

　　若將這種「苦」與「清淡」的感覺畫在座標平面上，可以得到右頁的視覺化座標。吸管的粗細會影響到我們對苦味程度與濃稠度的感覺。品嘗各種飲料時，若能依照自己的偏好使用不同粗細的吸管，可增添品嘗飲料時的樂趣。

用座標平面創造出熱門商品！

● 吸管粗細與香味的關係

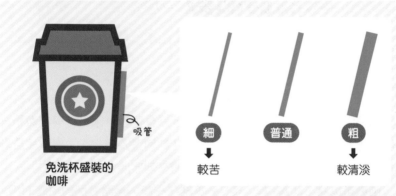

免洗杯盛裝的
咖啡

吸管

細 → 較苦

普通

粗 → 較清淡

● 用座標平面說明吸管粗細不同時，飲料的味道變化

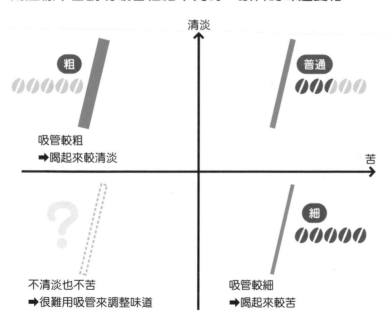

清淡

苦

粗
吸管較粗
→喝起來較清淡

普通

細
吸管較細
→喝起來較苦

不清淡也不苦
→很難用吸管來調整味道

10 與深度學習有關的函數

什麼是函數？

講解完座標平面之後，接著要說明什麼是函數。函數不只與微積分有關，也和近年來相當熱門的人工智慧（特別是深度學習）與程式設計息息相關，可以說是必備知識。先讓我們來看看函數的概念。

函數可以將「某A」與「某B」連結在一起，是兩者間的對應關係。舉例來說，假設操作自動販賣機時，投入100日圓會掉出運動飲料，投入150日圓會掉出營養飲料，投入200日圓會掉出能量飲料。這表示當我們投入200日圓，再「按下」「能量飲料的按鈕」後，便可購買「能量飲料」。同樣的，按下不同的「按鈕」後，就會有對應的「飲料」掉下來。這種對應關係就是函數的概念。

函數的英語寫成「function」。電腦鍵盤上方「F1」到「F12」的按鍵又叫做programmable function，可以呼叫程式的特定功能，是相當方便的按鍵，亦屬於一種函數。

不屬於函數的例子

超市的轉蛋機、神社籤筒等，出現的結果並不固定，這種不確定性正是它們的醍醐味。然而函數必須是「特定的輸入必須對應到特定的輸出結果」才行，如果不確定輸出結果是什麼的話就不算函數。

函數的例子與不屬於函數的例子

● 函數的例子

在自動販賣機投錢購買飲料

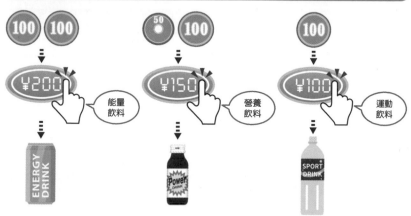

按下按鍵呼叫特定程式功能

● 不屬於函數的例子

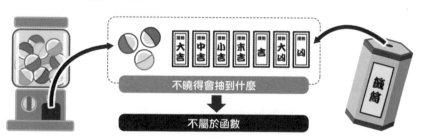

✐ 自動販賣機的函數

　　自動販賣機的「某A（x）」是按鈕，「某B（y）」是飲料。自動販賣機的功能就是建立起這種對應關係，這就是一種函數。

按鈕（x）	飲料（y）
運動飲料的按鈕（100日圓）	運動飲料
營養飲料的按鈕（150日圓）	營養飲料
能量飲料的按鈕（200日圓）	能量飲料

✐ 數學領域中的函數

　　數學領域中提到函數時，常用字母x、y來表示「某A」與「某B」。故可用x、y將函數寫成「$y = 4x$」、「$y = x^2$」等形式。

　　將「$x = 1$」代入「$y = 4x$」這個函數後，可以得到「$y = 4 \times 1 = 4$」；將「$x = 2$」代入後，可以得到「$y = 4 \times 2 = 8$」。

　　將「$x = -1$」代入「$y = x^2$」這個函數後，可以得到「$y = (-1)^2 = 1$」；將「$x = 1$」代入後，可以得到「$y = 1^2 = 1$」。將「$x = -2$」代入後，可以得到「$y = (-2)^2 = 4$」；將「$x = 2$」代入後，可以得到「$y = 2^2 = 4$」。

　　代入不同數值時，會輸出不同結果。這種將數值兩兩連結在一起的關係，就是數學中的函數。

✐ 研究函數時的工具

　　我們一般會把函數寫成式子，再畫成圖，方便我們理解這個函數。即使式子看起來很複雜、困難，畫成圖之後，便可輕易看出這個函數會逐漸增加還是逐漸減少。若要研究函數的走勢，把函數畫成圖的話，微分就是一項很重要的工具。

函數就像個黑盒子

● **把自動販賣機視為函數**

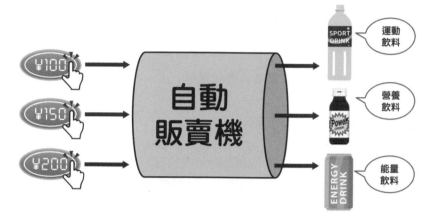

● **數學領域中使用的函數**

函數的概念

$x \longrightarrow$ 函數 $\longrightarrow y$

函數的例子

$x=1 \longrightarrow$ $y=4x$ $\longrightarrow y=4$
$x=2 \longrightarrow$ $\longrightarrow y=8$

$x=-2 \longrightarrow$ $\longrightarrow y=4$
$x=-1 \longrightarrow$ $\longrightarrow y=1$
$x=0 \longrightarrow$ $y=x^2$ $\longrightarrow y=0$
$x=1 \longrightarrow$ $\longrightarrow y=1$
$x=2 \longrightarrow$ $\longrightarrow y=4$

用具體的例子來學習函數

以下就讓我們實際畫畫看函數的圖形吧。

🏠 一次函數是什麼？

函數是「某個東西」與「某個東西」的聯繫。這裡要介紹的是一次函數。一次函數在座標上是一條直線，其數學式可寫成「$y = \bigcirc x + \square$」的形式，譬如以下例子。

$$y = 2x \quad 、 \quad y = x + 2 \quad 、 \quad y = -3x + 6$$

「x」稱做**變數**，□是**截距**，「＝」左側稱做**等號左邊**（上式中的「y」），「＝」右側稱做**等號右邊**（上式中的「$2x$」、「$x + 2$」、「$-3x + 6$」）。而「$y = 2x$」的「2」、「$y = x + 2$」的「1」、「$y = -3x + 6$」的「-3」，稱做**斜率**。

🏠 畫出一次函數的圖

試著把剛才提到的式子畫成圖吧。以「$y = 2x$」為例，以「$x = 1$」代入後可得「$y = 2 \times 1 = 2$」，故座標為（1, 2）；以「$x = 2$」代入後可得「$y = 2 \times 2 = 4$」，故座標為（2, 4）；以「$x = 3$」代入後可得「$y = 2 \times 3 = 6$」，故座標為（3, 6），如右頁圖所示。將座標（1, 2）、（2, 4）、（3, 6）連起來之後，可以得到直線「$y = 2x$」。

第1章

一次函數畫成圖形時是常見的直線

● 一次函數是直線，式子可寫成 $y = \bigcirc x + \square$ 的形式

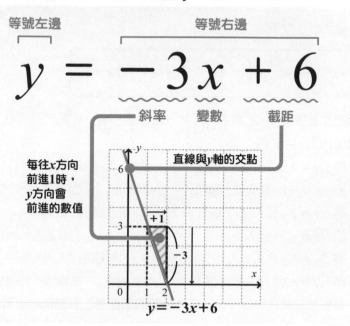

等號左邊　　　　　等號右邊

$$y = -3x + 6$$

斜率　　變數　　截距

每往x方向
前進1時，
y方向會
前進的數值

直線與y軸的交點

+1

−3

$y = -3x + 6$

● 描繪一次函數「$y = 2x$」

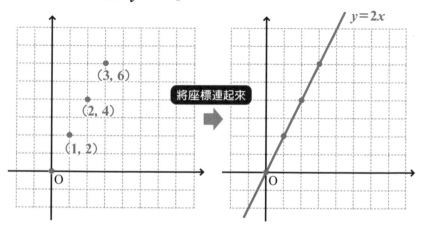

(3, 6)

(2, 4)

(1, 2)

將座標連起來

$y = 2x$

畫出二次函數的圖

談完一次函數之後，來看看二次函數。一次函數可以寫成「$y =$ ○$x +$ □」的形式，二次函數則可寫成「$y =$ ○$x^2 +$ □$x +$ △」的形式，譬如以下例子。

$$y = x^2 \quad \text{、} \quad y = -\frac{1}{2}x^2 + 6 \quad \text{、} \quad y = x^2 + 2x + 1$$

讓我們來畫畫看 $y = x^2$ 的圖吧。和一次函數一樣，先點出幾個點。將以下數值代入 $y = x^2$ 內

將「$x = 1$」代入後可得「$y = 1^2 = 1$」，座標為（1, 1）。

將「$x = -1$」代入後可得「$y = (-1)^2 = 1$」，座標為（-1, 1）。

將「$x = 2$」代入後可得「$y = 2^2 = 4$」，座標為（2, 4）。

將「$x = -2$」代入後可得「$y = (-2)^2 = 4$」，座標為（-2, 4）。

將「$x = 3$」代入後可得「$y = 3^2 = 9$」，座標為（3, 9）。

將「$x = -3$」代入後可得「$y = (-3)^2 = 9$」，座標為（-3, 9）。

將點連成線後可以看出，**二次函數的圖形是左右對稱的山型或谷型（拋物線）。畫出線條的時候，不能用直線，而是要用平滑曲線連接各點。**

二次函數的應用

什麼時候會用到二次函數呢？用身高與體重的比例來表示肥胖度的身體質量指數（BMI：Body Mass Index）、火箭軌道、鹵素電暖氣的形狀、衛星轉播時使用的拋物面天線形狀等，都會用到二次函數。

二次函數的圖形是拋物線

● 二次函數的例子「$y = x^2$」

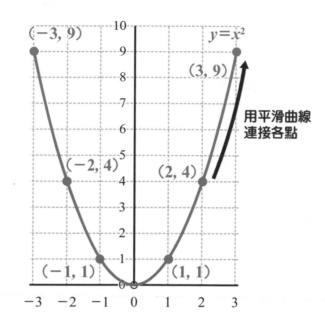

用平滑曲線
連接各點

● 二次函數的應用

火箭

鹵素電暖器

拋物面天線

39

12 如何表示 「超級小的數」？

📝 無限接近0的數值!?

0.00000000000000000000000000000000·············001

　　數學領域中，有時候會用到上面這種非常接近0的「極端數值」（學校的教科書會說它是「無限趨近0的數值」）。譬如計算車速的時候。計算瞬時速度時，要用［前進距離］除以［瞬間時間長度0］。但前面的計算機例子（➡ P.22）中可以看到，「÷0」時會出現錯誤，算不出答案。這時候「無限趨近0的數值就有存在的必要」。這種「無限趨近」的概念，在數學領域中會用「lim（limit）」來表示。我們可以用 **lim**，將「x無限趨近0時，x^2趨近0」的概念表示成以下算式。

$$\lim_{x \to 0} x^2 = 0$$

　　數學領域中，若寫成「［等式左邊］＝［等式右邊］」的話，表示［等式左邊］與［等式右邊］相等。但如果加上「lim」，則表示［等式左邊］趨近於［等式右邊］。 也就是說「＝」不一定會成立。數學領域中，處理這種「極端狀況」時，就會使用這種符號。有時候［左邊］的計算結果會趨近［右邊］，有時候［右邊］的計算結果會趨近［左邊］，可參考專欄（➡ P.44）中的介紹。

數學領域中用以表示「極端數字」的方法

● 表示極端數值的時候

「無限趨近」0的數

$$0.000000000000000000000\cdots\cdots001$$

寫那麼多0很麻煩！
「……」看起來很怪！

用「lim」這個符號
來表示「無限趨近」！

$$\lim_{x\to0} x^2$$

x無限趨近0

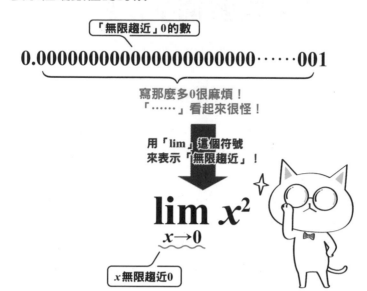

● 使用「lim」之後

平方之後

$x=1$ → $x^2=1\times1=1$

$x=0.1$ → $x^2=0.1\times0.1=0.01$

$x=0.01$ → $x^2=0.01\times0.01=0.0001$

x無限趨近0 ↓

x^2無限趨近0 ↓

使用「$\lim_{x\to0}$」後

$$\lim_{x\to0}$$

$$\lim_{x\to0} x^2=0$$

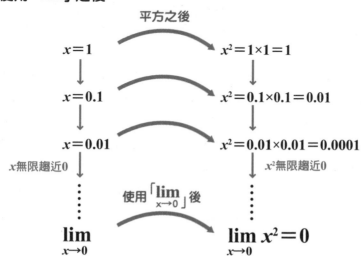

13 lim 也可表示「超大數值」

因為不是有限，所以是無限

「lim」不只可以用來表示「無限趨近0的數值」，也可以表示1 googol（$= 10^{100}$）或 googolplex（$= 10^{1\text{googol}} = 10^{10^{100}}$）還要大的數，無限大「$\infty$」。

創造「googol」這個字的人是美國數學家愛德華·卡斯納（Edward Kasner）的外甥，米爾頓·西羅蒂（Milton Sirotta）。

用來表示數量的詞稱做數詞，依序為一、十、百、千、萬、億、兆、京……。日本最大的數詞是無量大數，為 10^{68}。Googol所代表的 10^{100} 顯然比無量大數還要大得多。

實際存在的著名企業Google，名稱就是來自Google。不論是在日語或英語，「Google」這個字都已成了「搜尋」的代名詞。

Google由當時就讀史丹佛大學博士班的賴利·佩吉與謝爾蓋·布林創立。

據說1997年時，賴利·佩吉為新的搜尋引擎的網域命名時，把「googol.com」誤打成了「google.com」，所以公司後來就以「Google」為正式名稱。

另外，Google總公司的暱稱，Googleplex據說也是來自 googolplex。現在，Google這個字已經比原本的「googol」還要有名許多了。有人說失敗為成功之母，或許把googol打成google的失敗，也是Google成功的原因之一吧。

用數學來表示「超級大」與「超級小」

● 用 lim 來表示很大的數

 數詞 萬、億、兆、京、垓、秭、穰、溝、澗、正、載、極
恆河沙＝10^{52}、阿僧祇＝10^{56}、那由他＝10^{60}、不可思議＝10^{64}

1 無量大數＝10^{68}

10000000000000000000000000000000000000
00000000000000000000000000000

共 68 個 0

1googol＝10^{100}

100000000000000000000000000000000000000
0000000000000000000000000000000000000000
0000000000000000000

共 100 個 0

1googolplex＝$10^{1googol}=10^{10^{100}}=10^{1000\ldots\ldots000}$

共有 $1googol=(10^{100})$ 個 0

$$\lim_{x \to \infty} x = \infty \quad （無限大）$$

● google 原本是個拼錯的字？

| googol | 拼錯之後…… | google |
| googolplex | | Googleplex |

「$1 = 0.99999\cdots\cdots$」 是真的嗎？

■ 1與$0.99999\cdots\cdots$真的相等嗎？

1與$0.99999\cdots\cdots$真的相等嗎？是個很常聽到的問題。讓我們實際來算算看吧。

$$\frac{1}{9} = 1 \div 9 = 0.1111111111\cdots$$

等式左右兩邊同乘9倍，即可得到$1 = 0.99999\cdots\cdots$。

$$\frac{1}{9} \times 9 = 0.1111111111\cdots \times 9$$
$$1 = 0.9999999999\cdots$$

另外一個方法，是令「$0.9999999999\cdots\cdots$」為一個未知數，即「$x = 0.9999999999\cdots\cdots$」，然後將等號兩邊同乘上10倍。

$$x \times 10 = 0.9999999999\cdots \times 10$$
$$10x = 9.9999999999\cdots$$

接著將這個等式減去「$x = 0.9999999999\cdots\cdots$」，如下所示：

$$10x = 9.9999999999\cdots$$
$$-) \quad x = 0.9999999999\cdots$$
$$9x = 9$$

可以得到「$9x = 9$」，故「$x = 1 = 0.9999999999\cdots\cdots$」。

第 2 章

微分的本質是
除法

01 地球明明是圓的，為什麼看起來是平的？

✏️ 實際感受地球的圓

在科技發達的現在，只要看到從人造衛星拍攝到的地球圖片，就知道「地球是圓的」。但日常生活中，我們很少有機會實際感受到地球的圓。以下將說明我們可以用什麼方法確定地球是圓的，並介紹可以實際感受到地球是球狀的地方。

在天氣良好的日子看向海平面。如果地球是平面的話，海平面會一直延伸到無限遠處，看起來應該會很模糊才對。換言之，可以看到清楚的海平面，就是地球是圓形的證據。在靜岡縣御前崎市有一個「看得到圓形地球的瞭望台」，在那裡看到的海平面會有一個弧度。另外，天氣良好的時候，可以從千葉縣館山市的洲埼燈塔看到富士山，此時的富士山看起來就像浮在海面上一樣。如果地球是平面的話，就看不到浮在海面上的富士山。

✏️ 圓形的地球之所以看起來像平地，是因為微分嗎？

雖然地球是圓的，但平常走在地球上時，只會認為自己走在平面上。因為**從地球的尺度看來，我們平常走動的距離非常短，所以我們會覺得自己走在平面上**。這種「因為距離很短，所以感覺就像平面一樣」的概念，其實就和微分類似。換句話說，**我們走在將地球微分後得到的平面上**。讓我們以這個概念為基礎，說明下一節中提到的各種例子吧。

體驗地球是圓形的地點

● **地球是平面→海平面看起來很模糊**

海平面在無限遠處
⬇
海平面看起來會很模糊

● **地球是圓的→海平面看起來很清楚**

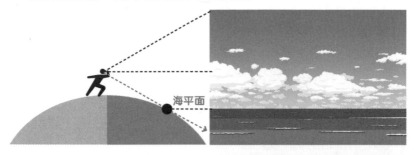

靜岡縣御前崎市
「看得到圓形地球的瞭望台」

千葉縣館山市的洲埼燈塔
海另一邊的富士山

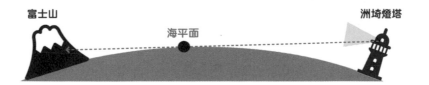

02 由傾斜程度理解微分的概念

用除法來理解微分

🔖 高中教科書的微積分概念

　　若被問到什麼是微積分，可能你會回答**微分是「切線斜率」，積分是「面積」**，如右頁圖所示。

　　當然，這個答案完全正確，但這和我們的日常生活有什麼關係嗎？這個問題應該就不大好回答了吧。畢竟平常我們不會特別去「求切線斜率」或「求面積大小」。

🔖 由圖形理解微分！

　　學習微分時，一般會從「切線斜率」這種很少在日常生活中看到的例子開始講起。

　　本書後面會介紹一些微分的公式，許多微分的題目需靠著這些公式機械性地解出答案。不過學得越是深入，會碰到越多無法簡單解決的問題。這時候，如果不夠瞭解微分的概念，就不曉得自己到底在算什麼，進而討厭起微分。

　　若想擺脫這種討厭微分的感覺，可以先試著掌握簡單的概念。而要做到這一點，需從不同於高中教科書的角度來理解微積分。

　　首先從「**求切線斜率**」這點開始談起。如右頁所示，切線是一條直線，以下讓我們從直線的角度來思考。

微積分、切線的概念

● **高中學到的微積分概念**

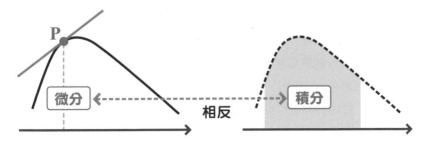

① 微分是求「切線斜率」，如左上圖

② 積分是求「面積」，如右上圖

③ 積分是微分的相反，微分是積分的相反

● **切線的概念**

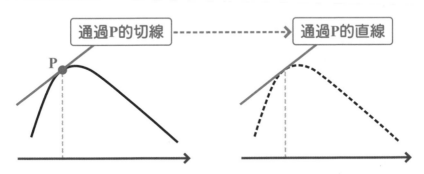

首先透過「直線的斜率」，大致掌握微分的概念。

✏ 從直線的斜率理解微分的概念！

以下將以「通過原點 O（0, 0）與點（3, 2）的直線」為例，複習什麼是斜率。

這條直線通過的點（3, 2），是原點 O 往 x 方向移動＋3，往 y 方向移動＋2 後得到的點。本例中，x 方向的「＋3」是 x 的**變動量**，y 方向的「＋2」則是 y 的**變動量**。

知道直線在 x 方向與 y 方向上各自的變動量之後，就可以計算出直線斜率了。國中教科書中會用以下公式計算斜率。

$$\text{直線斜率} = \frac{y\text{的變動量}}{x\text{的變動量}}$$

將上述 x 方向與 y 方向的變動量分別代入這個公式，可以得到直線的斜率是 $\frac{2}{3}$。這會等於 $2 \div 3$ 的結果，故可得知，**直線斜率可用「除法」算出**。

✏ 將微分想像成「除法」

綜上所述：

❶「微分」算的是「切線斜率」
❷「切線」可以看成是一條「直線」
❸「直線斜率」可由「除法」算出

總之，由❶、❷、❸可以知道「**微分可以看成一種除法**」。

求直線斜率！

● **複習「直線的斜率」**

下圖中，通過原點O(0,0)與點(3,2)之直線的斜率是多少？

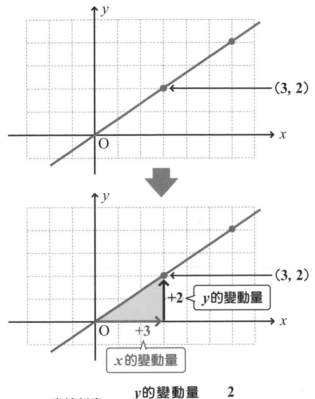

$$直線斜率 = \frac{y的變動量}{x的變動量} = \frac{2}{3}$$

● **將「微分」視為「除法」**

微分 ➡ 切線斜率 ➡ 直線斜率 ➡ 以除法求得

03 微分符號中，最重要的符號是「—」

在用教科書的方法說明微分公式重點之前，必須先說明兩種符號，如以下所示。

✏ 函數的符號

$$y = 2x, \ y = x^2, \ y = x^3$$

以上表示 x 與 y 的關係的等式就是函數。有時候我們會把函數中的「$y =$」寫成「$f(x) =$」，如下所示。

$$f(x) = 2x, \ f(x) = x^2, \ f(x) = x^3$$

舉例來說，$y = 2x$ 的意思是「$x = 1$ 時，$y = 2 \times 1 = 2$」，可改寫成「$f(x) = 2x$」，意為「$f(1) = 2 \times 1 = 2$」，也就是**將代入 x 的數寫在括弧內**。

✏ 代表變化的符號

學習微積分的時候，會看到「Δx」這樣的符號。「Δx」由 Δ 與 x 組成，意為 x 的變化（相減值），通常指的是微小的變化。「$\Delta x \to 0$」則表示「x 的變化趨近 0」，當 x 的變化趨近 0 時，可以寫成「dx」。

學習微積分中常用的符號 $f(x)$、dx、Δx

● 符號的說明（函數：$f(x)$）

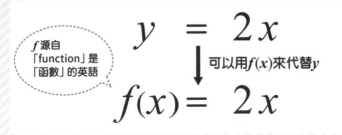

f 源自「function」是「函數」的英語

$$y = 2x$$

可以用 $f(x)$ 來代替 y

$$f(x) = 2x$$

👉 使用 $f(x)$ 的優點

● 寫成「$y=$」時

$x=1$ 時，$y=2\times1=2$

● 寫成「$f(x)=$」時

$f(1)=2\times1=2$

⎯⎯ 可省略 ⎯⎯

● 符號的說明（Δx 與 dx）

Δx：x 的變化

以右圖為例

$$\Delta x = 0.75 - 0.25 = 0.5$$

$$\Delta x = 0.3 - 0.25 = 0.05$$

Δx 無限趨近 0

$$dx = 0.0000000000\cdots\cdots1$$

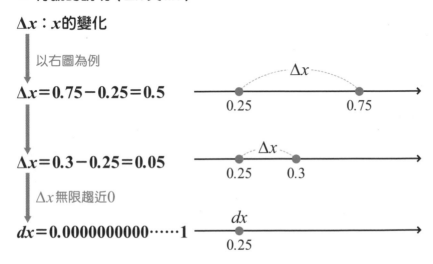

✏️ 微分公式的重點在哪裡？

日本高中的教科書中，可以看到以下微分公式。

$$f'(x) = \lim_{\Delta x \to 0} \frac{f(x+\Delta x)-f(x)}{\Delta x} \quad \cdots ①$$

$f(x)$ 代表函數，$f'(x)$ 的「′」的符號，讀做「prime」。可能有些人看到那麼多數學符號就想打退堂鼓了，其實這個①式的重點只有兩個。首先是：

$$\lim_{\Delta x \to 0} \frac{f(x+\Delta x)-f(x)}{\Delta x}$$

的「———」。這個藍色橫線代表「用除法來表示分數」，所以**這個等式隱含了「微分就是除法」的意義**。

可能你會想，為什麼要把「微分」寫成「除法」的樣子呢？這與①式中的另一個重點有關。

那就是**分母的「Δx」以及寫在符號「lim」下方的「$\Delta x \to 0$」**。「Δx」表示 x 的變化（相減值），「$\Delta x \to 0$」則表示「x 的變化」無限趨近於0。

簡單來說，就是：

$$「\Delta x \to 0」\Delta x = 0.0000000000\cdots\cdots\cdots00000000001$$

的意思。

看到這裡應該可以明白到，所謂的**微分，就是除數為「0.0000000000………00000000001」——幾乎等於0（dx）——的除法**。

微分是除數幾乎為0的除法

● **什麼是微分？**

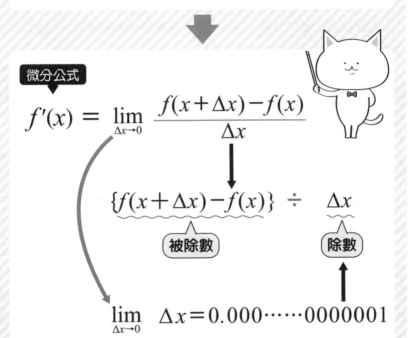

（例）

分數　　→　　除法

$$\frac{2}{3} = 2 \div 3$$

微分公式

$$f'(x) = \lim_{\Delta x \to 0} \frac{f(x + \Delta x) - f(x)}{\Delta x}$$

$$\{f(x + \Delta x) - f(x)\} \div \Delta x$$

被除數　　　　　　除數

$$\lim_{\Delta x \to 0} \Delta x = 0.000 \cdots\cdots 0000001$$

微分是「除數」等於「0.000……0000001」

這種無限趨近於0的數的 **除法**

04 瞭解微分的概念 與微分結果的意義

✏ 微分的概念

前面提到，簡單來說，微分就是「**除數接近0的除法**」。接下來要說明的是，微分的計算結果究竟是什麼意思。

提到微分的意義，除了高中學到的「切線斜率」之外，一般科普書籍還會說微分是「切到很細微」、「細微地分析」等等。當然，這些概念也不能算錯，而且還能幫助我們從身邊的例子理解什麼是微分。

✏ 微分的結果

還記得小學時學到的速度公式嗎？我們常用「距離÷時間＝速度」這個除法公式來計算速度。事實上，速度可以用微分計算出來。

若要像汽車的車速錶那樣計算出瞬時速度的話，微分是最好用的工具。汽車時速錶顯示的速度是時速，但如果一個小時才顯示一次時速的話會很不實用。特別是當我們從一般道路進入高速公路，或者反過來的時候，瞬時速度才是我們關注的重點。所以用微分計算速度，會比用除法還要恰當。

從微分的概念到微分的結果

● 微分的概念

計算

除數接近
0 的除法

圖

切線的斜率

應用

切到很細微
以利分析

● 求算微分

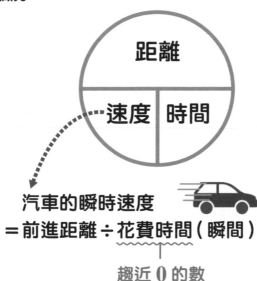

距離

速度　時間

汽車的瞬時速度
＝前進距離÷花費時間（瞬間）

趨近 **0** 的數

除數
趨近 **0** 的除法

✦ **輪到微分出場!!** ✦

05 由圖理解微分的計算

微分的計算與圖形

　　這裡我們會稍微談談如何計算微分，然後試著將微分的結果畫成圖形。當函數形式為 $y = x^{\square}$（或者是 $f(x) = x^{\square}$）時，微分後的 y'（或是 $f'(x)$）會是 $\square x^{\square-1}$。

$$y = x^{\square}（或者是 f(x) = x^{\square}）時，y' = \square x^{\square-1}（或者是 f'(x) = \square x^{\square-1}）$$

　　若 y 是常數，譬如「$y = 3$」，由於斜率為 0，故 y' 也是 0。即「$y' = 0$」。

　　另外，像是「$y = 2x$」這種斜率固定為 2 的函數，微分後的 y' 會是 2。即「$y' = 2$」。

例　$y = x^2$ 微分後可得　　$y' = 2x^{2-1} = 2x$

例　$y = \dfrac{1}{3}x^3$ 微分後可得　　$y' = \dfrac{1}{3} \times 3x^{3-1} = x^2$

　　下一頁起，就讓我們來看看實際上的微分例子與對應的圖形吧。

微分的計算與圖形❶

● **微分的計算**

$$y = x^{\square} \ (\text{或} f(x) = x^{\square}) \ \text{微分後}$$

微分符號

$$y' = \square x^{\square-1}$$

$$(\text{或} f'(x) = \square x^{\square-1})$$

● **計算實例**

$y = 3$ 微分後

$$y' = 0 \quad \blacktriangleright \quad \text{因為常數的斜率永遠是0}$$

$y = x^2$ 微分後

$$y' = 2x^{2-1} = 2x$$

$y = \dfrac{1}{3}x^3 + x + 3$ 微分後

$x^0 = 1$

$$y = \dfrac{1}{3} \times 3x^{3-1} + 1 \times x^{1-1} = x^2 + 1$$

將$y＝x^2$與$y＝\dfrac{1}{3}x^3$的微分結果畫成圖

　　$y＝x^2$的微分為$y'＝2x$（也可將式中的y換成x^2，寫成「$(x^2)'＝2x$」的形式）。接著讓我們試著將各種數值代入這個等式，觀察微分後的點會怎麼移動吧。將$x＝-1$、$x＝0$、$x＝1$等值代入式中，可以得到：

> ・$x＝-1$ 時，切線斜率為 $y'＝2×(-1)＝-2$
> ・$x＝0$ 時，切線斜率為 $y'＝2×0＝0$
> ・$x＝1$ 時，切線斜率為 $y'＝2×1＝2$

若將這個對應關係畫成圖，可以得到右頁左側的圖。

　　接著來看看$y＝\dfrac{1}{3}x^3$微分後的圖形。$y＝\dfrac{1}{3}x^3$微分後會得到$y'＝x^2$，將$x＝-2, -1, 0, 1, 2$分別帶入後可以得到：

> ・$x＝-2$ 時，切線斜率為 $y'＝(-2)^2＝4$
> ・$x＝-1$ 時，切線斜率為 $y'＝(-1)^2＝1$
> ・$x＝0$ 時，切線斜率為 $y'＝0^2＝0$
> ・$x＝1$ 時，切線斜率為 $y'＝1^2＝1$
> ・$x＝2$ 時，切線斜率為 $y'＝2^2＝4$

若將這個對應關係畫成圖，可以得到右頁右側的圖。

 ## 函數圖形與切線斜率（微分後圖形）的關係

　　以上是函數圖形與切線斜率（微分後圖形）的對應關係。從以上敘述可以看出，當原本的函數圖形往右上遞增時，切線斜率會是正數；函數圖形往右下遞減時，切線斜率會是負數；函數圖形不增加也不減少時，切線斜率為0。我們將在次頁中繼續說明這種關係。

微分的計算與圖形❷

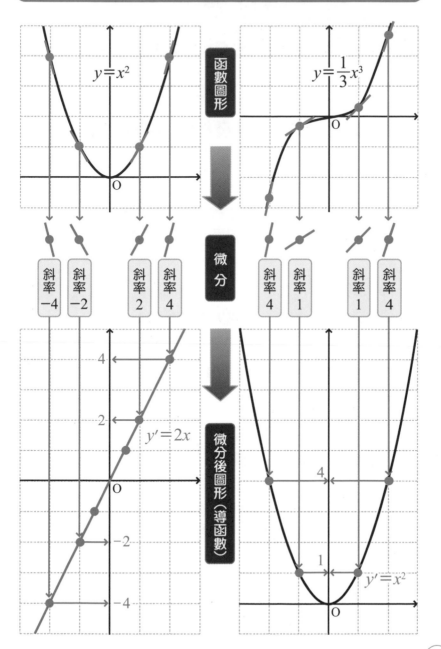

06 由微分結果 看出遞增或遞減

 往右上遞增的圖，以及往右下遞減的圖

如右頁圖示，若函數圖形持續往右上增加，則在數學中稱做**單調遞增**。單調遞增函數的切線斜率恆為＋（大於０）。反過來說，切線斜率 y' 為＋時，函數圖形必為往右上遞增。之後我們會介紹如何寫出用以表示函數增減的增減表，該表中會用往右上的箭頭「↗」來表示單調遞增。

另外，往右下遞減的函數稱做**單調遞減**，以往右下的箭頭「↘」表示。切線斜率 y' 為－（比０小）時，函數圖形會往右下遞減。

當圖形沒有遞增也沒有遞減時，直線（切線）斜率為０。另外，畫出切線時，如果切線在圖形上方，稱做**凹向下**；如果切線在圖形下方，稱做**凹向上**。

往右上遞增的圖形、往右下遞減的圖形

 單調遞增 ↗

y'為 ＋

（切線斜率大於0）

⬇

y（圖形）

往右上遞增

 單調遞減 ↘

y'為 －

（切線斜率小於0）

⬇

y（圖形）

往右下遞減

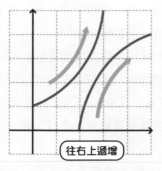

往右上遞增

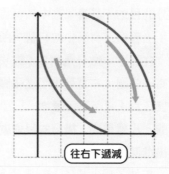

往右下遞減

凹向下

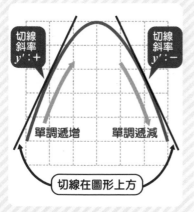

切線斜率 y'：＋

切線斜率 y'：－

單調遞增　　單調遞減

切線在圖形上方

凹向上

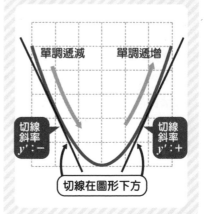

單調遞減　　單調遞增

切線斜率 y'：－

切線斜率 y'：＋

切線在圖形下方

07 日本高中教科書就有提到微分的目的〔其一〕

教科書中那張與微分有關的表

前面我們介紹了微分的概念,以及生活中的例子,接下來要談的是微分的目的。其實,高中教科書中就有提示微分的目的了。各位讀者現在手上應該沒有高中教科書,所以以下會花點篇幅來說明。

在日本,微分是高二(數學 II)的教材。在微分相關章節的最後一頁有一張圖,右頁列出了這張圖以及對應的說明表格。這個表格叫做**增減表**,以「↗」表示遞增,「↘」表示遞減。而寫出增減表就是微分的目的。也就是說,**微分的目的就是分析函數是遞增還是遞減,然後藉此畫出增減表**。

當然,用「減法」來算也可以看出函數是遞增還是遞減。然而,就算有電腦,我們還是會避免進行複雜的「減法」或計算量大的「減法」。為了避開複雜的減法,許多前輩們會自行摸索各種比較簡單的計算方式。比起減法,除法或微分的效率顯然比較高。而且,與減法或除法不同,微積分有「公式」。要用電腦進行「自動化」計算時,有公式的話會方便許多,因此微分的公式廣泛用於自動化的計算。

另外,從遞增轉變成遞減的地方稱做**極大值**,從遞減轉變成遞增的地方稱做**極小值**。下一頁將進一步介紹極大值與極小值的概念。

思考微分的目的

增減表					
x		-1		1	
$f'(x)$	$+$	0	$-$	0	$+$
$f(x)$	↗	3	↘	-1	↗

方法 ← 分析是遞增還是遞減

目的 ↑

減法 ⋯⋯應用⋯⋯▶ 除法 ⋯⋯應用⋯⋯▶ 微分

增減表

x					
$f'(x)$	$+$	0	$-$	0	$+$
$f(x)$	↗		↘		↗

微分結果畫成的圖形

$f'(x)$

⊕ ⊕

$+$

0

⊖

$-$

所求函數圖形

$f(x)$

斜率0 ⊖ 遞減 ⊕ 遞增

⊕ 遞增 斜率0

極大值 極小值

極大值、極小值

極大值發生於遞增（↗）轉變成遞減（↘）的時候。如右頁圖所示，當切線斜率變化為＋→0→－時，在斜率等於0時為極大值。

另一方面，極小值發生於遞減（↘）轉變成遞增（↗）的時候。如右頁圖所示，當切線斜率變化為－→0→＋時，在斜率等於0時為極小值，與極大值的情況類似。

極大值、極小值分別是它們周圍數值中的最大值及最小值。在右頁圖形的範圍內，斜率為0的點分別是該函數的極大值與極小值。

我們常可在天氣預報中聽到高氣壓、低氣壓等詞。高氣壓指的是氣壓比周圍高的氣團，可以想成是氣壓極大值。低氣壓指的是氣壓比周圍低的氣團，可以想成是氣壓的極小值。

反曲點

另外，有時候即使切線斜率為0，函數卻不是極大值，也不是極小值。譬如切線斜率的變化可能是＋→0→＋或－→0→－，這就叫做**反曲點**。右頁圖形在通過（0，0）時，斜率變化為「＋→0→＋」，故（0，0）為反曲點。

註：反曲點（早期另有譯名：拐點）是指凹性或凸性改變的點，二階導數為0的定義較不精確，例如 $y = x^3$，$y = x^4$ 這兩個函數的二階導數都是0，但在（0，0）點，前者無極值，後者則是極小值。因此，反曲點的判定還需要看二階導數為零的點之前後，如二階導數異號則為反曲點，否則就不是。

極大值、極小值與反曲點

● **極大值、極小值**

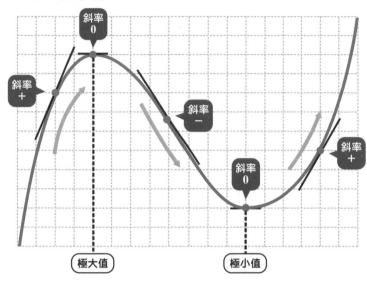

● **反曲點**

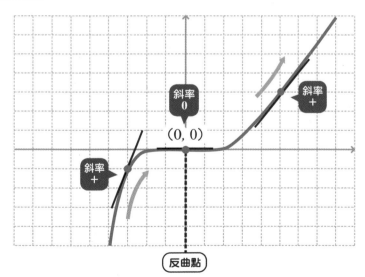

微分讓我們的生活更為繽紛

　　AI、機器學習中的深度學習是近年來相當熱門的話題，研究這些學問時，微分是必要知識。進行深度學習時，需比較理想結果與實際結果的差異，再讓實際結果逼近理想結果。不只是深度學習，電腦在處理數值的時候，會以函數描述理想結果與實際結果的差。這個差越小，就表示理想結果與實際結果越接近，模型的預測能力越強。深度學習會蒐集許多數據，建立損失函數以描述理想結果與實際結果的差，然後尋找能讓**損失函數**最小的數值點，這個數值點就叫做**最佳解**。

　　要讓損失函數最小，需求出圖形的最小值（極小值），也就是圖形斜率為0的地方。要找到斜率為0的解（答案），最簡單的方法就是微分。

微調時會用到微分

　　假設有個人喜歡喝微糖的咖啡。他會先在咖啡中加一些些砂糖，嘗一下味道，不夠甜的話再多加一些砂糖，直到符合自己的口味為止。這種慢慢加入砂糖，使咖啡味道慢慢變化的過程，就相當於數學或電腦中的微分。

　　就像微調咖啡味道時一樣，對損失函數微分，逐漸求出函數（局部的）極小值，這種方法叫做**梯度下降法**。另外，極小值與最小值不一定相同。若極小值與最小值相同，稱這個極小值為**全域最佳解**；若極小值與最小值不同，稱這個極小值為**局部最佳解**。

用微分求算答案

● 損失函數

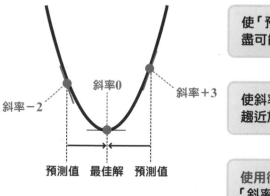

使「預測值」
盡可能靠近最佳解

↓

使斜率
趨近於 0 即可

↓

使用微分，求算
「斜率＝0」時的數值

● 日常生活中的微調

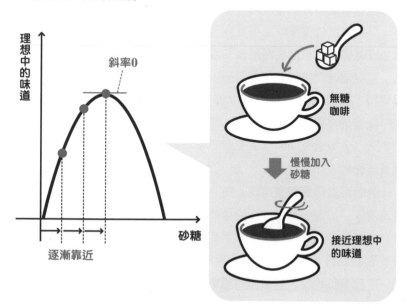

08 日本高中教科書就有提到微分的目的 ［其二］

日本教科書提到微分的章節中，最後列出的是什麼呢？

前面我們提到，微分的目的是分析函數的增減。但其實微分還有一個目的，將於本節介紹。

如果您手上有日本高中教科書的話，可以看一下微分的章節。教科書中，分析函數增減並不是最後一步，後面還會把函數的增減畫成圖。**畫出函數圖形，將函數的增減與數值視覺化，能讓我們掌握函數的整體情形。**這也是微分的目的之一。

分析函數的增減確實很重要，但是，當我們想從增減表理解函數的增加或減少時，會發現增減表並沒有那麼好用。

光從增減表中的數值與箭號，還是很難充分理解函數的意義。以右頁資料（2000年起的日本人口變化：日本總務省統計局）為例，製成表格後還是很難掌握整體狀況。就算寫出增減表，點出了增減的位置，仍會因為函數來來回回增減多次，使我們很難看出整體趨勢，或者與其他資料比較。

此時可以把資料畫成圖，將其視覺化，如右頁所示。這樣就能掌握整體趨勢，加深對這份資料的理解。

現實的例子中，通常很難將資料寫成漂亮的式子，所以會用通過各資料點的曲線函數來近似原始資料，再分析這個函數。**畫出函數圖形後，不僅可以增進人對數據的理解，也可以找到近似的函數，以進行進一步分析。**

將函數圖形視覺化也是微分的目的

年	2000	2001	2002	2003	2004
人數	125,689	125,993	126,114	126,240	126,290
年	2005	2006	2007	2008	2009
人數	126,214	126,294	126,340	126,332	126,350
年	2010	2011	2012	2013	2014
人數	126,362	126,184	125,974	125,761	125,517
年	2015	2016	2017	2018	2019
人數	125,267	124,955	124,576	124,144	123,646

（各年12月時的日本人口：日本總務省統計局）

製作增減表

年		2004		2005		2007		2008		2010	
微分	+	0	−	0	+	0	−		+	0	−
增減	↗		↘		↗		↘		↗		↘

知道增減情況。但光靠增減表，仍難以掌握函數的特徵。

將圖形視覺化，幫助理解

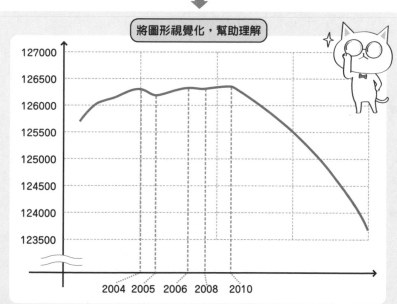

09 大學入學考試試題中出現過的奇怪圖形

日本大學入學考試試題中，曾出現過各種形狀奇怪的函數圖形。以下就來介紹幾種特別有趣的圖形。

✎ 靜岡大學的世界遺產圖形

定義函數 $f(x)$、$g(x)$ 如下：

$$f(x) = \begin{cases} x^4 - x^2 + 6 & (|x| \leq 1) \\ \dfrac{12}{|x| + 1} & (|x| > 1) \end{cases}$$

$$g(x) = \frac{1}{2} \cos(2\pi x) + \frac{7}{2} \quad (|x| \leq 2)$$

請在同一個座標平面上，概略畫出 $f(x)$ 與 $g(x)$ 的函數圖形。

✎ 信州大學的愛的方程式

請畫出定義於 $-\sqrt{5} \leq x \leq \sqrt{5}$ 之兩個函數 $f(x) = \sqrt{|x|} + \sqrt{5-x^2}$、$g(x) = \sqrt{|x|} - \sqrt{5-x^2}$ 的概略圖形。

✎ 秋田大學的微笑貓咪

請畫出以下函數的圖形，

$y = 9 (|x| \leq 1)$、$y = -x2 + 6|x| + 4 (1 \leq |x| \leq 6)$、$y = 2^{\left|\frac{x}{3}\right|} (|x| \leq 6)$、$x^2 + (y-5)^2 = \dfrac{1}{4}$、$y = -\sin(\dfrac{\pi}{2}|x|) + \dfrac{9}{2} (2 \leq |x| \leq 4)$、$|y-3| = \sqrt{-\dfrac{|x|}{2} + 1}$。

形狀特殊的函數圖形

富士山（靜岡大學）

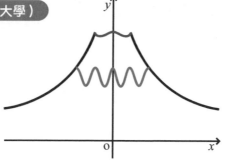

愛心（信州大學）

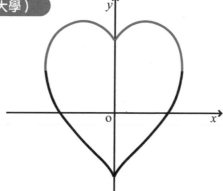

微笑的貓（秋田大學）

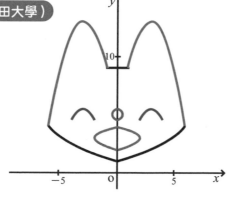

How much is 你的時薪？

學生們常會在意自己打工的時薪。不過在出社會，擔任公司職員之後，卻比較在意月薪、年薪，不大會去算時薪有多少，很奇怪吧。事實上，我們可以用微積分描述時薪與年薪之間的關係，介紹如下。

依照日本的勞動基準法，一週的勞動時間需在40小時以下，一天的勞動時間需在8小時以下。

一年有52週，扣掉日本特有的暑期休假與新年休假，大約是50週，所以一年的勞動時間約為 $40 \times 50 = 2000$ 小時。由此可知，時薪的2000倍大約就是年薪，年薪除以2000大約就是時薪。換言之，只要把年薪乘以5倍，再拿掉「萬」，就是時薪了。舉例來說，

$$\text{年薪300萬日圓} \xrightarrow[\text{拿掉「萬」}]{\times 5} \text{時薪1500日圓}$$

試用這種時薪計算方式來考量通勤時間。假設從住家到工作地點的單程通勤需要1小時，來回需要2小時。

如果1個月上班20天，那麼通勤時間需花上 $2 \times 20 = 40$ 小時。對年薪300萬日圓（時薪1500日圓）的人來說，一個月的通勤時間成本為 $1500 \times 40 = 60000 = 6$ 萬日圓。考慮這個成本，從現在居住的地方，搬到房租比現在高數萬日圓，卻離工作地點比較近的地方，應該會比較划算。

以上是將年薪轉換成時薪（除法），再將時薪轉換成通勤成本（乘法）的過程。這種用除法細分，再用乘法復原的概念，和微積分十分類似，請務必牢記這個過程。

第3章

積分的本質是乘法

01 由面積理解積分的概念

✏️ 積分就是算出面積

應該有不少人在高中時學到，**積分就是算出「面積」的工具**。這當然沒錯，不過除了積分與面積之間的關係之外，以下讓我們試著從別的角度來說明積分。小學二年級學過乘法、背過九九乘法表之後，下個單元應該就是面積了，這可以說是乘法的應用（實例）。讓我們回想一下各種圖形的面積公式……

> 長方形面積為「長×寬」、平行四邊形面積為「底×高」
> 三角形面積為「底×高÷2」
> 梯形面積為「（上底＋下底）×高÷2」

這些面積公式有個共通點，那就是都會用到「乘法」。在 P.14 中提到乘法可以想成是面積，相對的，面積也可以想成是乘法。所以說，**「積分」也可以想成是「乘法」**。

✏️ 為什麼積分是乘法？

那麼，原本是「乘法」的計算，為什麼要稱呼它是「積分」呢？因為積分時乘上的數是0.0000000000000000……1這種非常小，趨近於0的數。我們可以藉此算出複雜形狀的面積。為了與一般乘法做出區別，所以稱其為「積分」。

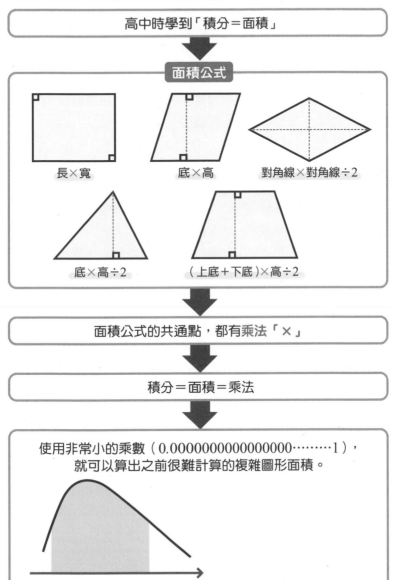

從面積公式瞭解積分的本質

● 從小學時學到的面積公式到積分

高中時學到「積分＝面積」

面積公式

長×寬

底×高

對角線×對角線÷2

底×高÷2

（上底＋下底）×高÷2

面積公式的共通點，都有乘法「×」

積分＝面積＝乘法

使用非常小的乘數（0.0000000000000000………1），
就可以算出之前很難計算的複雜圖形面積。

積分的概念與積分結果的意義

積分就是求面積。前面提到，積分就是乘上一個如0.000000000……1般的微小數值。可能你會想問，乘上一個微小的數有什麼意義呢？微分也會用到微小的數，兩者有什麼關係嗎？

用小學學到的公式，可以求出右頁圖中形狀的面積嗎？顯然不行。因為小學學到的面積公式只能計算長方形、三角形、平行四邊形、梯形等由直線圍成的圖形。不過換個角度來看，**如果把這個圖形分割成許多細長直線，就能求出整個圖形的面積了。**

碰上複雜的圖形也沒關係！

試回想堆疊起來的列印用紙，以及捲成筒狀的衛生紙。一張列印用紙或一張捲筒衛生紙都很薄，但大量堆疊、捲起之後，列印用紙可以疊成長方體，衛生紙則可捲成中空圓柱體。**這種堆疊的行為，正是數學中所說的積分。** 即使是無法由公式求出面積的複雜圖形，只要細切成許多條直線，分別求出每條直線的面積，再加總起來，就可以得到整個圖形的面積了。

這種「**細切成條狀，使其面積易於計算，再將所有細條面積加總起來，得到整體面積**」的概念，就是理解積分時的重要關鍵。提出座標平面想法的笛卡兒曾說過「覺得難就分割」。碰到難以求算出答案的面積問題時，只要將圖形分割，就可以用小學時學到的面積公式，求出複雜圖形的面積。

計算面積時，也是「覺得難就分割」

● **不管是什麼樣的形狀，分割後就會變成長方形**

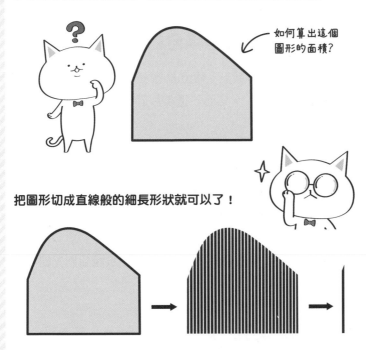

小學時學到的面積公式，沒辦法用來計算複雜圖形的面積

如何算出這個
圖形的面積？

把圖形切成直線般的細長形狀就可以了！

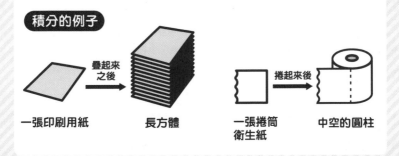

積分的例子

一張印刷用紙　→（疊起來之後）→　長方體

一張捲筒
衛生紙　→（捲起來後）→　中空的圓柱

02 為什麼微分與積分是相反的過程？

✏ 為什麼會說「微分是積分的相反」？

高中學到積分時，會聽到「積分是微分的相反」這個說法。同樣的，「微分是積分的相反」。然而，這卻讓許多人在學習微積分時產生許多疑問。

微分是計算切線斜率，積分是計算面積。
求「切線斜率」的相反過程是求「面積」嗎？
求「面積」的相反過程是求「切線斜率」嗎？

我們很難從這個角度來理解兩者的關係，所以讓我們先回到微積分的基本定義。

✏ 回到微分與積分的本質

如右頁圖示，計算微分，也就是切線斜率時，需用到「除法」；計算積分，也就是面積時，需用到「乘法」。也就是說，計算「切線斜率」與「面積」時，一個用「除法」，一個用「乘法」，所以兩者關係彼此相反。這種「除法」與「乘法」的關係，就是為什麼「微分與積分互為相反過程」。

「切線斜率」與「面積」僅是微分與積分的一種比喻而已，我們難以從這兩個比喻理解到為什麼微分與積分是相反的過程。必須將微分、積分回歸到小學學到的除法、乘法，才能理解兩者間的關係。

切線斜率（微分）與面積（積分）互為相反過程？

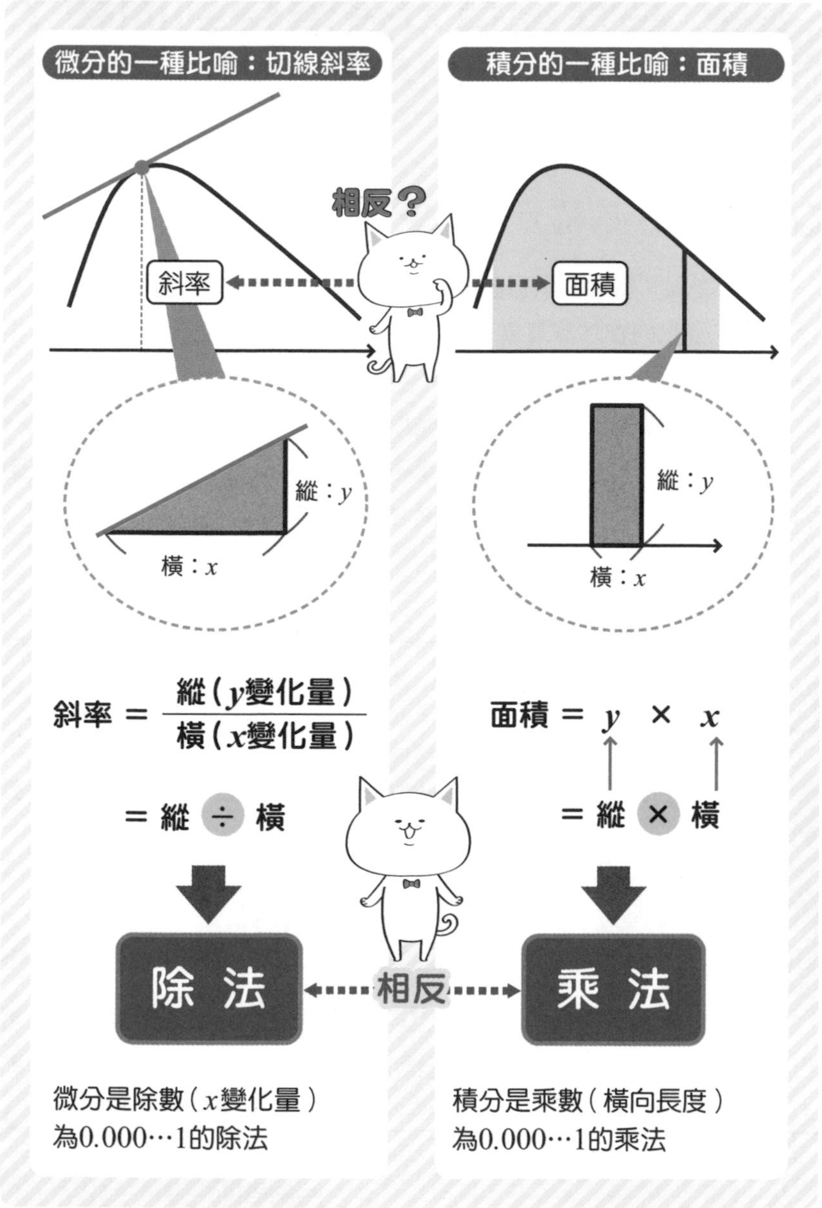

微分的一種比喻：切線斜率

積分的一種比喻：面積

相反？

斜率 ←······→ 面積

縱：y

橫：x

縱：y

橫：x

$$斜率 = \frac{縱（y變化量）}{橫（x變化量）}$$

$$面積 = y \times x$$

$$= 縱 \div 橫$$

$$= 縱 \times 橫$$

除 法 ←·····相反·····→ 乘 法

微分是除數（x變化量）
為0.000…1的除法

積分是乘數（橫向長度）
為0.000…1的乘法

03 為什麼積分後會得到面積？

「$y=2$」的積分是多少？

前面提到，**積分是求算面積**，但光從文字應該很難理解它的意義。所以以下讓我們實際算算看一個圖形的面積，用視覺化的方式理解積分。

首先是從圖形算出 $y=2$ 與 x 軸所夾面積，藉此求出 $y=2$ 的積分。

如右頁圖示，分別求出 x 在「$0 \sim 1$」、「$0 \sim 2$」、「$0 \sim 3$」的範圍內，直線「$y=2$」與「x 軸」所夾面積，如下所示。

> ・$x=1$ 時，面積為 $2 \times 1 = 2$
> ・$x=2$ 時，面積為 $2 \times 2 = 4$
> ・$x=3$ 時，面積為 $2 \times 3 = 6$

因此，直線「$y=2$」與「x 軸」在「$0 \sim x$」的範圍內所夾面積計算如下

> 橫長為 x、縱長為 2 的長方形，故面積為 $x \times 2 = 2x$

「$y=2$」積分後會得到「$y=2x$」。畫出這個函數圖形後，可以看出在 $x=1$、$x=2$、$x=3$ 時，y 座標分別為 $y=2$、$y=4$、$y=6$。與前面計算的，當 x 在「$0 \sim 1$」、「$0 \sim 2$」、「$0 \sim 3$」範圍內時，直線「$y=2$」與「x 軸」所夾面積相同。

從視覺化圖形理解為什麼積分是面積①

● 「$y=2$」的積分是「$y=2x$」

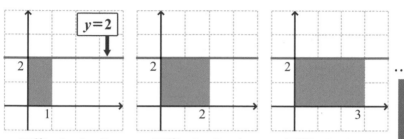

面積：$1×2=2$ 　　面積：$2×2=4$ 　　面積：$3×2=6$

設 x 軸的範圍是「$0 \sim x$」

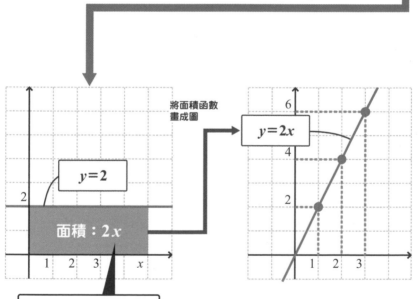

將面積函數
畫成圖

$y=2x$

$y=2$

面積：$2x$

面積：$x×2=2x$

「$y＝2x$」的積分是多少？

同樣的，求算x在「$0\sim1$」、「$0\sim2$」、「$0\sim3$」範圍內時，直線「$y＝2x$」與「x軸」所夾面積，如下所示。

- $x＝1$ 時，面積為 $\dfrac{1}{2}\times1\times2=1$
- $x＝2$ 時，面積為 $\dfrac{1}{2}\times2\times4=4$
- $x＝3$ 時，面積為 $\dfrac{1}{2}\times3\times6=9$

因此，直線「$y＝2x$」與「x軸」在「$0\sim x$」的範圍內所夾面積計算如下：

底為x，高為$2x$的三角形，故面積為
$$\dfrac{1}{2}\times x\times2x=x^2$$

「$y＝2x$」積分後會得到「$y＝x^2$」。畫出這個函數圖形後，可以看出在$x＝1$、$x＝2$、$x＝3$時，y座標分別為$y＝1$、$y＝4$、$y＝9$。與前面計算的，當x在「$0\sim1$」、「$0\sim2$」、「$0\sim3$」範圍內時，直線「$y＝2x$」與「x軸」所夾面積相同。。

像這種長方形或三角形的面積，都有對應公式可以算出答案。但如果是「$y＝x^2$」這種複雜函數的話，要如何計算出它與x軸所夾的面積呢？下一頁起，將說明$y＝x^2$函數與x軸所夾面積求算方式。

從視覺化圖形理解為什麼積分是面積②

● 「$y=2x$」的積分是「$y=x^2$」

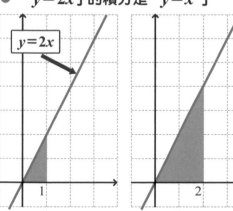

面積：$\frac{1}{2} \times 1 \times 2 = 1$　面積：$\frac{1}{2} \times 2 \times 4 = 4$　面積：$\frac{1}{2} \times 3 \times 6 = 9$

設x軸的範圍是「$0 \sim x$」

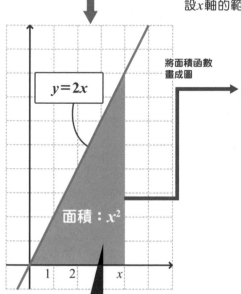

將面積函數
畫成圖

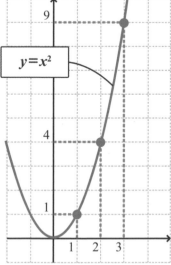

面積：$\frac{1}{2} \times x \times 2x = x^2$

🏠 「$y = x^2$」的積分是多少？（前篇）

前面，我們用長方形的面積公式計算出「$y = 2$」的積分是「$y = 2x$」、用三角形的面積公式計算出「$y = 2x$」的積分是「$y = x^2$」。然而「$y = x^2$」的積分沒辦法用長方形與三角形的面積公式計算出來，讓我們用其他方式算算看吧。

右頁圖中，x 軸與 $y = x^2$ 間的長度為「x^2」。將這條長為「x^2」的線，以及無限接近 0 的寬度 dx 拿出來看，這條線（長方形）的縱長（高）為 x^2，橫長（寬）為 dx，所以面積為：

$$縱長 \times 橫長 = x^2 \times dx = x^2 dx \qquad \cdots\cdots ①$$

為了理解這個結果的意義，讓我們試著將乘積「$x^2 dx$」轉變成其他形式。想像有一張長寬皆為 x 的正方形紙張。這張正方形紙張的面積為「長 $\times$ 寬 $= x \times x = x^2$」。正方形紙張有些微厚度，這個厚度可以視為趨近於 0 的高，也就是 dx。

所以這張紙可以視為長、寬皆為 x，高為 dx 的長方體，體積為：

$$長 \times 寬 \times 高 = x \times x \times dx = x^2 dx \qquad \cdots\cdots ②$$

若我們想計算 $y = x^2$ 在 0 到 x 之間的面積（積分），需計算「縱長（高）為 x^2、橫長（寬）為 dx 的長方形面積」。由於①和②的結果相同，所以我們也可以將上述長方形面積視為「長、寬皆為 x，高為 dx 的長方體體積」。

將 $y = x^2$ 切成一條條來看

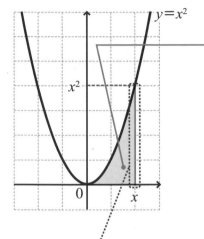

求算0～x範圍內，
$y = x^2$與x軸所夾面積

取出高為x^2、
寬為dx的長方形

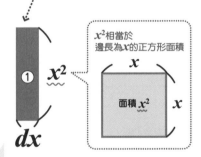

x^2相當於
邊長為x的正方形面積

面積 x^2

①的面積相當於長x、寬x、
高dx之長方體②體積

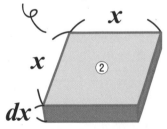

① 面積：$x^2 \times dx$
　　　$= x^2 dx$

$=$

兩者答案相同

② 體積：$x \times x \times dx$
　　　$= x^2 dx$

①的面積與②的體積相同

第1章

第2章

第3章

第4章

第5章

「$y = x^2$」的積分是多少？（後篇）

繼續來看看 $y = x^2$ 從 0 到 x 的積分結果。這裡打算將「長 x^2、寬為 dx 的長方形面積」轉換成「長、寬皆為 x，高為 dx 的長方體體積」再計算積分結果。

右頁是將許多長方體堆疊起來的示意圖。當 dx 無限趨近 0 時，代表每個長方體的高也趨近 0，所以這些很薄的長方體堆疊起來時，就會成為一個正四角錐。

這個正四角錐的底邊邊長與高度皆為 x，故體積為

$$\text{底邊邊長} \times \text{底邊邊長} \times \text{高} \times \frac{1}{3} = x \times x \times x \times \frac{1}{3} = \frac{x^3}{3}$$

回到原本的題目。我們原本的目的是求出 $y = x^2$ 從 0 到 x 的積分結果，而這個結果會等於底邊邊長及高皆為 x 的正四角錐體積，故可得到以下結果。

$$x^2 \text{ 從 0 到 } x \text{ 的積分} \rightarrow \frac{x^3}{3} \leftarrow$$
$$= \text{邊長為 x 的正四角錐體積}$$

確認微分與積分之間的關係

綜合以上結果，可以得到：

$$2 \xrightarrow{\text{積分}} 2x \xrightarrow{\text{積分}} x^2 \xrightarrow{\text{積分}} \frac{1}{3} x^3$$
$$\xleftarrow{\text{微分}} \quad \xleftarrow{\text{微分}} \quad \xleftarrow{\text{微分}}$$

微分與積分的箭頭方向剛好相反。由前面的步驟一步步看下來，可以知道微分與積分確實是相反的過程。

聚沙成塔，聚紙成山

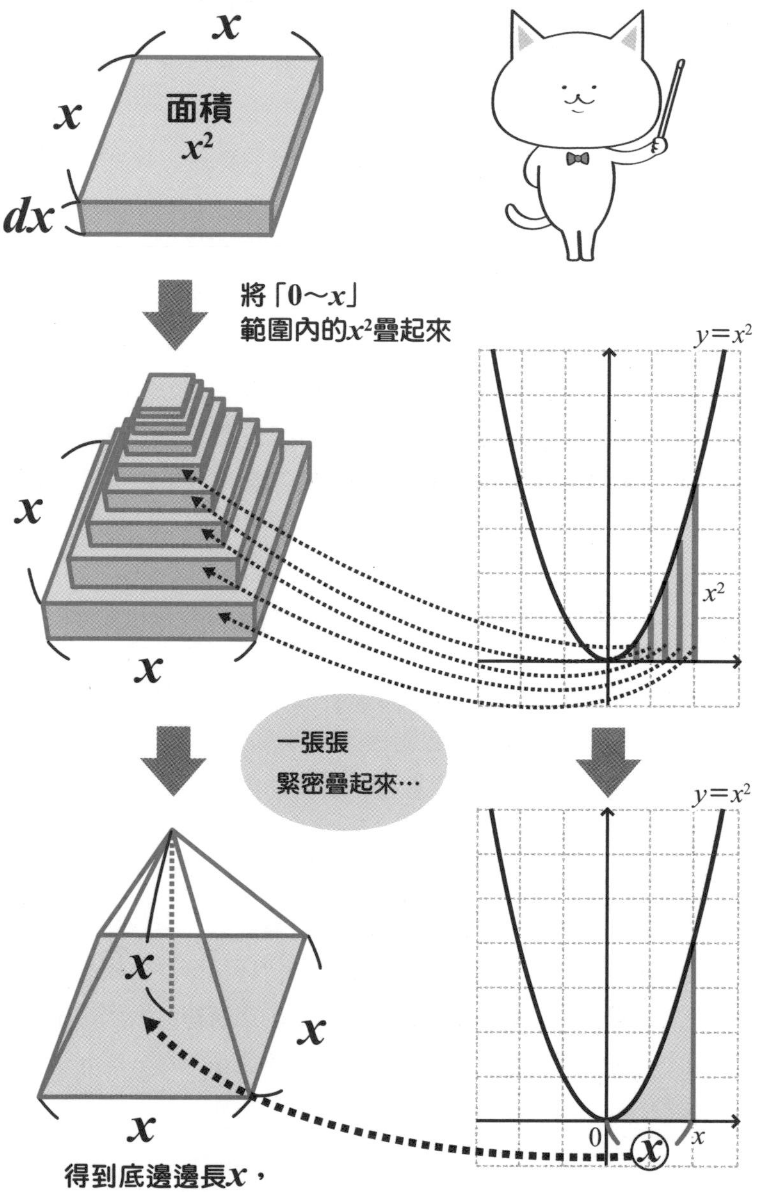

面積 x^2

x x dx

將「$0 \sim x$」範圍內的x^2疊起來

$y=x^2$

x^2

x x

一張張緊密疊起來…

$y=x^2$

得到底邊邊長x，高x的正四角錐

x x x

0 x

04 為什麼要先學微分，再學積分？

✏ 小學時明明是先學乘法再學除法的……

前面提到，微分的本質是除法，積分的本質是乘法。這時又會出現另一個疑問。

小學時是先學乘法再學除法。既然如此，學微積分的時候應該也要先學積分（乘法），再學微分（除法）才對不是嗎？**為什麼現在的學生要先學微分（除法），再學積分（乘法）呢？這樣不是和小學的學習順序相反嗎？**

✏ 微分、積分各自的發展，以及牛頓的研究

原本微分與積分被當成不同的學問，各自發展。微分是用於求算切線斜率的工具，積分是用於計算面積的工具。歷史上是積分（乘法）的研究、發展在前，微分（除法）在後。當時的人們並不覺得微分與積分之間有什麼關係。

不過，古人計算面積，也就是進行積分計算時，曾碰到了許多問題。古希臘與埃及會使用所謂的窮竭法來計算面積。與現在的積分方法相比，窮竭法麻煩許多。後來牛頓指出，微分與積分互為相反的過程。拜牛頓之賜，**積分的計算大幅簡化成了微分的逆運算**。我們之所以要先學習微分，是因為學完微分後再學積分會簡單許多。

為什麼要先學微分再學積分？

國小學算數的順序

× 乘法	➡	÷ 除法

微積分的學習順序

′ =	微分 除法	➡	∫ =	積分 乘法

為什麼學微積分的順序和
國小學算術的順序相反呢？

古希臘與古埃及

用 窮竭法 來做積分

⬇

計算過程很複雜

微分和積分應該
是相反的過程吧？

牛頓

將積分視為
微分過程的相反，
計算上會
容易許多!!

✎ 實際試試看窮竭法！

窮竭法是一種計算圖形面積或體積的方法。在待求面積之圖形上，作許多內接三角形，逼近圖形的正確面積。譬如右頁的例子就是用窮竭法來計算拋物線面積。

圖①中，拋物線與 y 軸的交點為 A，拋物線與 x 軸的交點為 B。首先，在拋物線內側作出面積最大的內接三角形，然後計算其面積，如圖②中的三角形 OAB。

接著在直線 AB 與拋物線所圍繞的區域內，作出面積最大的內接三角形，然後計算其面積。圖③中，作一條與直線 AB 平行，且與拋物線相切的直線，此時切點 C 與 A、B 所形成的三角形 ABC 為面積最大的三角形。

重複前面的步驟，作一條與直線 AC 平行，與拋物線相切於 D 的直線，計算三角形 ACD 的面積；作一條與直線 CB 平行，與拋物線相切於 E 的直線，計算三角形 CBE 的面積，如圖④所示。由圖④應可看出，以上所有三角形的面積加總後，會近似於拋物線面積。反覆操作這種方法，便可藉由三角形面積的加總，求出拋物線的面積。

✎ 牛頓的想法讓面積的計算變得簡單許多

用窮竭法實際計算面積時，需計算一個個三角形的面積，再把它們全部加起來。這種積分方式（面積計算）實在相當麻煩。

運用「微分與積分的相反關係」，就可以將這種複雜的積分運算一口氣變得簡單許多（具體的計算方式將於 P.105 中介紹）。

窮竭法

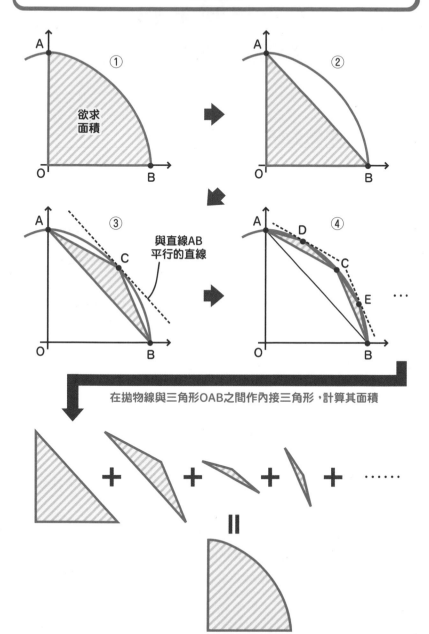

① 欲求面積

②

與直線AB平行的直線

③

④

在拋物線與三角形OAB之間作內接三角形，計算其面積

05 答案有無限多個？不定積分的神奇之處

✎ 試著用牛頓的研究成果來算積分

那麼，就讓我們用「**微分的相反是積分**」這個牛頓的研究成果來計算積分吧。在這之前，先來複習一下微分的概念。

$y = x^{\square}$ 的微分公式是 $y' = \square x^{\square-1}$。運用這個公式，可以得到 $y = x^2$ 的微分是 $y' = 2x$，所以 $2x$ 的積分是 x^2。

因為 $y = \dfrac{1}{3}x^3$ 的微分是 $y' = x^2$，所以 x^2 的積分是 $\dfrac{1}{3}x^3$。拜牛頓的研究結果之賜，我們可以瞬間算出這些函數的積分。事情到這裡看似告一個段落了，但這時又出現了一個問題。

✎ 積分結果有無限多個

前面我們複習到 $y = x^2$ 的微分結果是 $y' = 2x$。試計算 $y = x^2 + 1$ 的微分，以及 $y = x^2 + 2$ 的微分。你會發現兩者的微分也都是 $y' = 2x$。微分是函數的切線斜率，以上結果表示 $y = x^2$、$y = x^2 + 1$、$y = x^2 + 2$ 在 x 相同時，切線斜率也相同。積分是微分的相反，所以 $y = x^2$、$y = x^2 + 1$、$y = x^2 + 2$ 都可以是 $2x$ 的積分結果。換言之，積分結果有無限多個。

於是，我們會將有無限多種可能的數字部分，以 **C** 取代。C 又叫做**積分常數**，取自常數英文 Constant 的首字母。這種有無限多種結果的積分叫做**不定積分**。加上這個 C 之後，$2x$ 的積分結果應寫為 $x^2 + C$、x^2 的積分結果應寫為 $\dfrac{1}{3}x^3 + C$。

牛頓的貢獻

微分與積分互為逆運算

by 牛頓

$$x^2 \xrightarrow{\text{微分}} 2x$$
$$2x \xrightarrow{\text{積分}} x^2$$

↓ 但這會產生一個問題

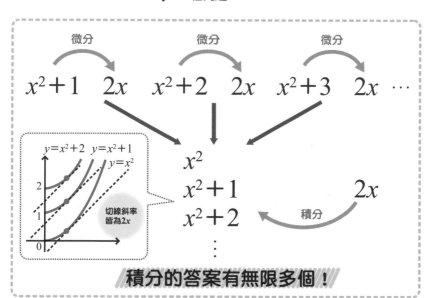

$$x^2+1 \xrightarrow{\text{微分}} 2x \quad x^2+2 \xrightarrow{\text{微分}} 2x \quad x^2+3 \xrightarrow{\text{微分}} 2x \cdots$$

$y=x^2+2$ $y=x^2+1$ $y=x^2$

切線斜率皆為 $2x$

$$x^2$$
$$x^2+1$$
$$x^2+2$$
$$\vdots$$

$$2x \xrightarrow{\text{積分}}$$

積分的答案有無限多個！

↓ 將變數（x）以外的部分，皆寫成 +C

$$2x \xrightarrow{\text{積分}} x^2+C$$

積分常數

🖊 積分符號源自積分的本質！

微分會用到「′（prime）」這個符號，積分則會用到「$\int$」這個符號，讀做 integral。這個符號由德國數學哲學家萊布尼茲提出，源於拉丁文中表示合計的 summa 的首字母 s 變體「ſ」。

我們計算合計數值（summa）時會用到加法，乘法是加法的應用，積分則是乘法的應用。追本溯源，**積分其實就是加法，也就是計算合計數值。**知道這點後，就不難理解為什麼拉丁文中的長 s「ſ」會是積分符號「$\int$」的由來了。想到積分符號是前人瞭解到積分本質之後訂出來的符號時，會不會讓你有些感動呢？

🖊 試著使用積分符號

前頁我們提到，$2x$ 的積分是 $x^2 + C$，x^2 的積分是 $\frac{1}{3}x^3 + C$。以上積分結果可以用符號表示如下。

$$\int 2x\,dx = x^2 + C \text{、} \int x^2\,dx = \frac{1}{3}x^3 + C$$

$\int 2x\,dx$ 可以再加上乘號，得到 $\int 2x \times dx$，表示這是長為「$2x$」，寬為「dx」之長方形面積的加總「$\int$」。

另外，積分也有著類似微分的公式，如下所示。

$$\int x^{\square}\,dx = \frac{1}{\square + 1}x^{\square + 1} + C$$

下一頁開始，就讓我們用這個公式實際算出積分答案吧。

積分符號

● 積分符號的由來

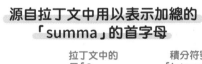

源自拉丁文中用以表示加總的
「summa」的首字母

拉丁文中的　　　　　積分符號
長「S」　　　　　「integral」

S ➡ $\int$ ➡ $\int$

「$\int$(integral)」的原點是加法（加總）！

萊布尼茲

● 以符號寫出積分

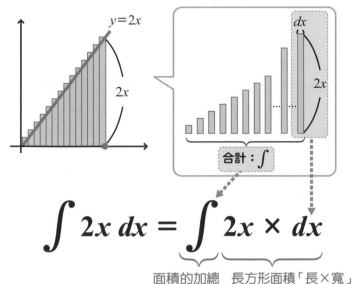

$y=2x$

$2x$

dx

$2x$

合計：$\int$

$$\int 2x\,dx = \int 2x \times dx$$

面積的加總　　　長方形面積「長×寬」

✏ 使用不定積分公式算出答案

接著就讓我們用前頁介紹的不定積分公式，實際算出積分結果吧。

首先，$y＝x^2$ 的積分計算過程如右頁的①（C為1、2、3之類的常數，微分後為0）。

接著，$y＝x^4$ 的積分計算過程如右頁的②。

由於積分是微分的逆運算，故可將積分得到的答案微分回去，藉此驗算答案是否正確。

$$x^2 \xrightarrow[微分]{積分} \frac{1}{3}x^3＋C \qquad x^4 \xrightarrow[微分]{積分} \frac{1}{5}x^5＋C$$

✏ 怎麼計算1的積分？

像①、②這種可以直接帶入公式計算的題目，可以輕鬆算出其不定積分。但是，如果題目問的是1的不定積分「$\int 1dx$」，又該怎麼算才好呢？以下介紹兩種想法。

第一種想法不使用不定積分公式，而是從「積分是微分的逆運算」的概念開始推導。微分後可得到「1」的函數是「x」，所以「$\int 1dx＝x＋C$」。不用不定積分的公式也可以求出積分結果。若能記得「1」的積分是「x」，在計算積分題目的時候會方便許多。

第二種想法是花點工夫，將1轉變成「$x^□$」的形式。1可以寫成「x^0」（$□^0$ 的□不管填入哪個數字，都會得到1）。將 $1＝x^0$ 代入積分公式中計算，如右頁所示，可以得到答案③「$x＋C$」。

$$1 \xrightarrow[微分]{積分} x＋C$$

用公式計算積分！

● **積分公式**

$y=x^{\square}$的積分結果如下

$$\int x^{\square}\,dx = \frac{1}{\square+1}x^{\square+1} + C \quad \text{（C為積分常數）}$$

● **以公式計算以下題目**

$y=x^2$的積分結果如下

$$\int x^2\,dx = \frac{1}{2+1}x^{2+1} + C$$
$$= \frac{1}{3}x^3 + C \cdots ①$$

$y=x^4$的積分結果如下

$$\int x^4\,dx = \frac{1}{4+1}x^{4+1} + C$$
$$= \frac{1}{5}x^5 + C \cdots ②$$

$y=1$的積分結果如下

$$\int 1\,dx = \int x^0\,dx = \frac{1}{0+1}x^{0+1} + C$$
$$= x + C \cdots ③$$

專欄

單字與符號顯露出了微積分的意義

▌瞭解微積分各種符號的意義！

前面我們談到了以下一貫性原則。

加法 $\xrightarrow{\text{應用}}$ 乘法 $\xrightarrow{\text{應用}}$ 積分

減法 $\xrightarrow{\text{應用}}$ 除法 $\xrightarrow{\text{應用}}$ 微分

這層關係隱藏在微分與積分的單字內。前面提到的「$\int$」源自於拉丁文中表示合計的summa，或者英文中的summation的首字母s。「$\int$」意為加總，而「$\int xdx$」中的「x」與「dx」之間則省略了乘法符號。

微分的英文單字與符號中也隱含著減法的意思。微分的英文是differential，語源與表示減法結果的「差」difference相同，所以微分的英文單字也隱含了「減法」的意義。

接著來看看微分的符號。與積分不同，微分有三種符號，分別由牛頓、拉格朗日、萊布尼茲等三人提出。

牛頓提出的微分符號是「·（dot）」，用法如❶；拉格朗日提出的微分符號是「′（prime）」，用法如❷；萊布尼茲提出的微分符號是「$\dfrac{d}{dx}$」，用法如❸。

牛頓提出的符號在表示距離、速度、加速度時十分便利實用，拉格朗日的符號則讓我們在書寫微分式時更為簡便。相較於以上二者，萊布尼茲提出的符號清楚地指出了要微分哪個部分，要代入哪個部分，也明確表示出微分是除法（以分數形式）。也就是說，萊布尼茲用符號精準傳達了微分的意義。

❶牛頓的微分符號「‧(dot)」

$$\dot{y} \quad \dot{x}$$

牛頓

❷拉格朗日的微分符號「′(prime)」

$$y' \quad f'(x)$$

拉格朗日

❸萊布尼茲的微分符號「$\frac{d}{dx}$」

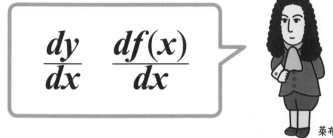

$$\frac{dy}{dx} \quad \frac{df(x)}{dx}$$

萊布尼茲

06 答案固定的定積分與面積

✏ 將定積分想成是面積！

前面的篇幅都在介紹不定積分的計算，然而不定積分的答案有無限多種。若要讓積分可以用在特定情況，必須設定積分的範圍，才能得到固定的答案。相較於不定積分，這種在指定範圍內積分，以獲得單一答案的積分就叫做**定積分**。

若要在 $x = 1$ 到 $x = 2$ 的區間內對 $y = 2x$ 積分，可寫成以下算式。

$$\int_1^2 2x \, dx$$

前面我們說 $2x$ 的積分是 $x^2 + C$，不過在範圍指定的情況下，定積分的答案只有一個，所以不需要 $+ C$。接著要用大大的〔 〕把積分結果括起來，然後將 $x = 1$ 與 $x = 2$ 代入，寫成以下算式。

$$\int_1^2 2x \, dx = \left[\, x^2 \,\right]_1^2$$

定積分結果所對應的面積如右頁圖示。若在 $x = 1$ 到 $x = 2$ 的區間內對 $y = 2x$ 積分，就相當於用右頁的大三角型①減去小三角形②後得到的面積。

$$\int_1^2 2x \, dx = \left[\, x^2 \,\right]_1^2 = (2^2) - (1^2) = 4 - 1 = 3$$

代入 $x = 2$ 得到的值　　　代入 $x = 1$ 得到的值

與定積分對應的面積

● 積分算式與對應圖形如下所示

在 $x=1$ 到 $x=2$ 的區間內對 $y=2x$ 積分

 以**算式**表示

 以**圖**表示

$$\int_1^2 2x\,dx$$

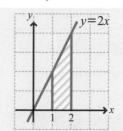

● 定積分結果以及對應的面積

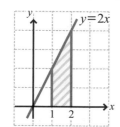

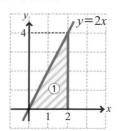

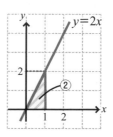

所求面積
$= ①-②$

$=$

①的面積
$2 \times 4 \times \dfrac{1}{2} = 4$

$-$

②的面積
$1 \times 2 \times \dfrac{1}{2} = 1$

$$\left[x^2\right]_1^2$$

$=$

將 $x=2$
代入 x^2
$x^2 = 2^2 = 4$

$-$

將 $x=1$
代入 x^2
$x^2 = 1^2 = 1$

定積分公式的整理

以下整理前面提到的定積分計算。設 $y = f(x)$ 的積分為 $F(x)$。當 $f(x) = 2x$ 時，$F(x) = x^2$。

$f(x)$ 在 $x = a$ 到 $x = b$ 之間的積分如下

$$\int_a^b f(x)\,dx = \Big[\, F(x) \,\Big]_a^b = F(b) - F(a)$$

讓我們用這個公式來計算 P.92 ～ 93 的面積吧，如右頁所示。實際計算後會發現，和窮竭法相比，積分明顯方便許多。

微積分基本定理

在定積分計算的最後，讓我們稍微談一些微積分基本定理。這個定理說明了微分與積分互為逆運算，可寫成以下等式。

$$\frac{d}{dx}\int_a^x f(x)\,dx = f(x)$$

符號一堆看起來很複雜對吧。等式中，「$\int_a^x f(x)\,dx$」是 $f(x)$ 的積分，而「$\int_a^x f(x)\,dx$」的微分為「$\dfrac{d}{dx}\int_a^x f(x)\,dx$」，其結果會變回「$f(x)$」。

這個微積分基本定理顯示，微分與積分互為逆運算。不過用數學式描述時，會讓人覺得很困難。如前所述，把微分「$\dfrac{d}{dx}$」想成「除法」，積分「$\int_a^x dx$」想成「乘法」，便可將微積分基本定理想成以下形式。再困難的數學式，在瞭解到其意義後也會變得簡單許多。

$$\div\ \bigcirc\ \ f(x)\ \times\ \bigcirc = f(x)$$

乘以、除以相同東西後，會剛好消去

定積分的公式

● **定積分的公式**

設 $f(x)$ 的積分為 $\text{F}(x)$

將 $x=b$ 代入 $\text{F}(x)$

$$\int_{a}^{b} f(x)dx = \Big[\text{F}(x) \Big]_{a}^{b} = \text{F}(b) - \text{F}(a)$$

將 $x=a$ 代入 $\text{F}(x)$

● **試著用公式來計算面積**

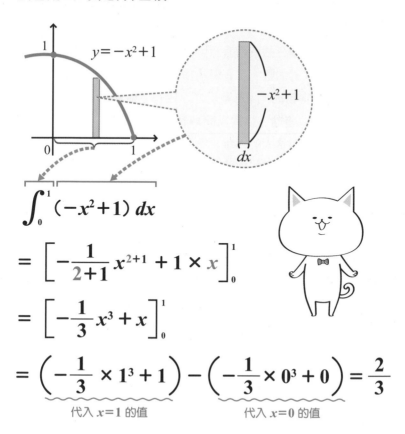

$$\int_{0}^{1} (-x^2+1)\, dx$$

$$= \left[-\frac{1}{2+1} x^{2+1} + 1 \times x \right]_{0}^{1}$$

$$= \left[-\frac{1}{3} x^3 + x \right]_{0}^{1}$$

$$= \left(-\frac{1}{3} \times 1^3 + 1 \right) - \left(-\frac{1}{3} \times 0^3 + 0 \right) = \frac{2}{3}$$

代入 $x=1$ 的值 　　　　　 代入 $x=0$ 的值

07 許多圖形是旋轉後得到的結果

🏠 試著旋轉圖形之後⋯⋯

日本高三數學III的積分章節後半，有出現求算旋轉體體積的題目，如右頁圖示。旋轉體是三維圖形，常見於我們的生活周遭。大學入學考試中，為了確認學生們有沒有真正學習到數學III的積分知識，常會出與旋轉體體積有關的題目。

事實上，無法積分的東西遠比可以積分的東西還要多很多。只有能夠寫成簡單數學式的函數，才有辦法積分。不只在數學領域，就連在動畫等應用上，也得寫成「簡單數學式」才行。這表示，3D動畫、遊戲等作品中的線條、運動，都需以簡單數學式來表示。若無法寫成數學式，設計程式時會有很大的困難。所以說，如何用簡單數學式來表現各種旋轉體便成為了很重要的課題。

舉例來說，長方形以一個邊為軸旋轉後，會得到圓柱。長方形以平行於某個邊的外部直線為軸旋轉後，會得到捲筒衛生紙狀或戒指狀的中空圓柱。

直角三角形以一股為軸旋轉後，會得到圓錐。特定梯形以一邊為軸旋轉後，會得到紙杯般的形狀，又叫做圓錐台。順帶一提，圓錐的錐在日語中的音讀為「sui」，訓讀卻是「kiri」。Kiri在日語中是錐子的意思，圓錐尖尖的部分就和錐子一樣，所以才叫做圓錐。

旋轉後得到的圖形

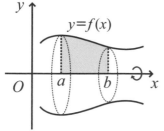

$f(x)$ 從 $x＝a$ 到 $x＝b$ 的部分，繞 x 軸旋轉一圈所得到的圖形體積為

$$\int_a^b \pi \times f(x) \times f(x)\, dx$$

π：圓周率

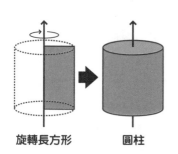

旋轉長方形 　　 圓柱

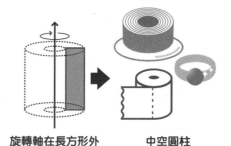

旋轉軸在長方形外 　　 中空圓柱

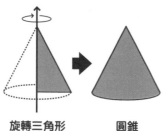

旋轉三角形 　　 圓錐

旋轉梯形 　　 圓錐台

✏ 許多立體圖形是旋轉後得到的圖形

提到旋轉出來的圖形，一般人可能沒什麼概念，但事實上，旋轉出來的圖形比我們想像中還要多。以下就來介紹幾個這種圖形。

首先是①的球。若將圓以直徑為軸旋轉，可以得到一個球體。接著只要調整表面的反光效果、彈性，就可以製作出保齡球的堅硬質感，或者是網球的彈性感。

如果旋轉軸在圓以外，旋轉後就可以得到如②般的甜甜圈形狀。這種甜甜圈形狀稱做**環面**。以前的RPG（角色扮演遊戲）中，如果要讓角色在「穿過地圖最北端後，從最南端出現」的話，不會把世界做成球面，而是會做成環面（甜甜圈狀）。

圖③中，如果將長方形與梯形連接起來、旋轉後，會得到形似陀螺的複雜立體圖形。如果旋轉的是一條曲線，則可得到圖④般的壺。曲線有無限多種，所以旋轉後可以得到無限多種立體圖形。

一條平行於旋轉軸的直線，繞著旋轉軸旋轉時，可以得到中空圓柱，和前頁中繞著外部旋轉軸旋轉的長方形一樣。但如果像圖⑤這樣，直線與旋轉軸不平行也不交叉，而是**互相歪斜**的話，那麼該直線旋轉後，可以得到一種叫做雙曲面的美麗圖形。某些有設計感的椅子、神戶港塔之類有設計感的地標，以及發電廠內的冷卻塔、水塔等，會使用這樣的圖形。

多采多姿的旋轉體

①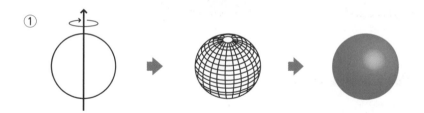

②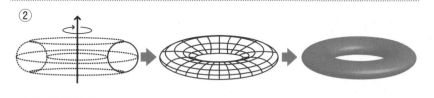

③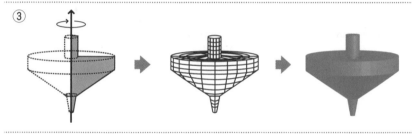

④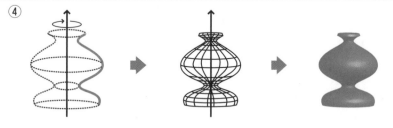

⑤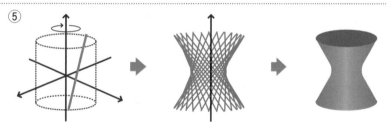

專欄

1ℓ牛奶盒之謎

▌ 體積的神祕之處

　　超市有販賣1ℓ（公升）的盒裝牛奶，你有量過盒子的長、寬、高分別是多少嗎？牛奶盒長方體部分的底面是長、寬皆為7㎝的正方形，高則是19.5㎝。既然知道長、寬、高就可以計算出體積是 $7 \times 7 \times 19.5 = 955.5 \, \text{cm}^3 = 955.5 \, \text{mℓ}$（$1 \, \text{cm}^3$ 等於1毫升）$= 0.9555 \, \ell$，與1ℓ還差了一點。

　　假設上方的四角錐部分也裝滿牛奶，四角錐的體積是 $7 \times 7 \times 2 \div 3 \doteqdot 32.7 \, \text{mℓ}$，與立方體的部分相加後為 $955.5 + 32.7 = 988.2 \, \text{mℓ} = 0.9882 \, \ell$，還是不到1ℓ。

　　明明牛奶盒的包裝上寫著1ℓ，內容物卻不到1ℓ，這明顯會造成消費糾紛。那麼，1ℓ的牛奶盒內，真的有1ℓ的牛奶嗎？如果沒有的話，牛奶的實際體積是0.9555ℓ呢？還是0.9882ℓ呢？把牛奶倒到量杯裡測量後，會發現牛奶的總體積確實是1ℓ。

　　仔細觀察牛奶盒的外觀就可以知道為什麼會這樣了。事實上，牛奶盒會稍微往外膨脹。將牛奶倒入盒內後，盒子會因為內部壓力而稍微往外膨脹，使容量增加，可以裝入1ℓ牛奶。

　　另外，牛奶盒底部之所以會是 $7 \, \text{cm} \times 7 \, \text{cm}$，是源自於美國的規格。當初為了配合幫運牛奶瓶的箱子，所以才規定牛奶盒是這個大小。

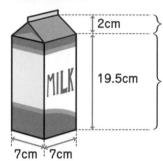

體積：$7 \times 7 \times 2 \div 3 = 32.7$

$+$

體積：$7 \times 7 \times 19.5 = 955.5$

不到1000㎖（1ℓ）？

實際測量看看

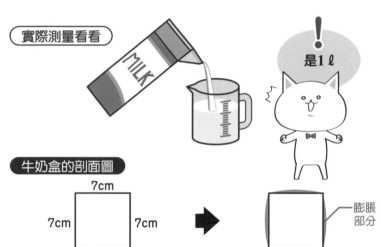

是1ℓ

牛奶盒的剖面圖

周長：$7 \times 4 = 28$cm

膨脹部分

周長不變，面積增加

膨脹部分

將牛奶裝入盒內時，盒子（容器）會膨脹，故可裝入1ℓ

第 4 章

身邊常見的
微積分例子

01 Twitter 趨勢由微分決定

活躍於Twitter幕後的微分

現代人常使用各種SNS（Social networking service，社群網路服務）。許多SNS會列出目前最熱門的話題，並做出排行。其中就有許多網站是用微積分方法來決定話題熱門程度。

譬如Twitter的「流行趨勢」排行就是用微分算出來的。Twitter是一個一篇文章最多可包含140個全形字的SNS。「流行趨勢」功能顧名思義，就是目前流行的關鍵字。然而在計算關鍵字的熱門程度時，不可能將日本所有推特文章都列入統計，系統無法負荷這種規模的作業量。

所以實務上會用電腦挑選出許多流行中的關鍵字，然後計算這些關鍵字的出現頻率隨著時間的變化，並產生函數圖。接著從中挑選出函數圖急遽增加的關鍵字，也就是出現頻率的增加速率較高的關鍵字。函數圖中，「切線斜率」代表關鍵字的增加速率。只要將函數圖微分，就可以得到切線斜率，如右頁圖所示。所以只要找出切線斜率最大的關鍵字，就代表該關鍵字的出現頻率急遽增加。

換言之，**將關鍵字出現次數的函數微分後，就可以知道哪些關鍵字的討論熱度急遽增加**。微分後的數字越大，在流行趨勢的排行就越高。這就是Twitter應用微分計算流行趨勢的方法。

由出現次數的函數斜率（微分），決定流行趨勢的排名

● 流行趨勢功能

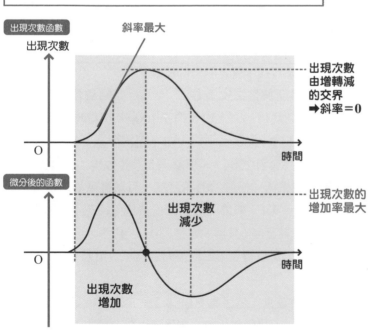

| おすすめ | COVID-19 | トレンド | ニュース | スポーツ | ユーモア | エ |

1・音楽・トレンド
#七夕の願い事

FUN
七夕の行事食は「そうめん」食卓に天空の世界を表現

2・エンターテインメント・トレンド
水樹奈々

3・有名人・トレンド
奈々様結婚

4・有名人・トレンド
奈々さん

出現次數函數

出現次數

斜率最大

出現次數
由增轉減
的交界
➡斜率＝0

O　　　　　　　　　　時間

微分後的函數

出現次數
減少

出現次數的
增加率最大

O　　　　　　　　　　時間

出現次數
增加

02 用函數 瞭解滿足程度的極限

從科學的角度，用微分計算追加的滿足度（邊際效用）

經濟學中有種函數叫做**效用函數**。「效用」聽起來很複雜，其實就是「滿足度」的意思。效用函數可表示消費量與滿足度（效用）的關係。

假設你進入一間燒肉吃到飽的店家。在你空腹時，吃燒肉的滿足度（效用）非常大。但這種滿足度並不固定。如果空腹吃完一人份燒肉後，再加點一人份燒肉，這時的滿足度（效用）應該會比第一份燒肉還要低才對。加點一人份燒肉時獲得的追加滿足度（效用），就叫做**邊際效用**。而這種追加的滿足度，就是微分的概念。

假設這裡的效用函數是二次函數「$y = x^2$」順時鐘旋轉90°後的「$y = \sqrt{x}$」，而燒肉店提供的一人份燒肉是100g。空腹時吃下一人份（100g）燒肉的滿足度為$\sqrt{100} = \sqrt{10^2} = 10$（因為$\sqrt{\Box^2} = \Box$）。若再吃一人份（100$g$）燒肉（合計200$g$），那麼滿足度（效用）就會是$\sqrt{200} \fallingdotseq 14.1$。這個數字減去第一份燒肉的滿足度，可以得到第二份燒肉的邊際效用為14.1–10 = 4.1。如果再點第三份燒肉（100g），那麼所有燒肉（合計300g）的滿足度（效用）會是$\sqrt{300} \fallingdotseq 17.3$。這個數字減去前兩份燒肉的滿足度，可以得到第三份燒肉的邊際效用為17.3–14.1 = 3.2。

邊際效用會逐漸減少，依序為10→4.1→3.2→……這個規則稱做**邊際效用遞減法則**。若用視覺化的方式呈現邊際效用，就是函數數值的增減，相當於微分的概念。

由效用函數畫成的滿足度圖形

設效用函數為「$y = \sqrt{x}$」。

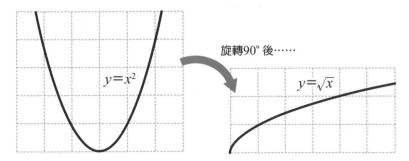

旋轉90°後……

$y=x^2$

$y=\sqrt{x}$

滿足度的圖形

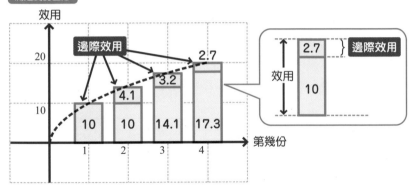

效用

邊際效用

20

2.7

3.2

4.1

10

10   10   14.1   17.3

第幾份

1   2   3   4

邊際效用

效用

2.7

10

邊際效用 ⇒ 相當於微分

邊際效用的圖形

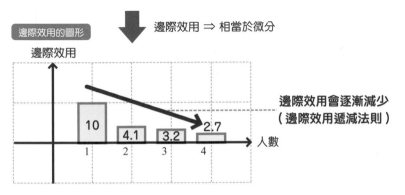

邊際效用

10

4.1   3.2

2.7

人數

1   2   3   4

邊際效用會逐漸減少
（邊際效用遞減法則）

03 用在 CD 和 DVD 上的微分

資料的保存也與微積分有關

🖋 用微分讀取聲音、影像資料！

　　CD、DVD 等光碟曾用做儲存媒體，近年來雖然人們多改用硬碟或雲端來保存資料，不過光碟仍有其用途。

　　CD 與 DVD 那閃閃發光的背面，就是儲存資料的記錄面。這個記錄面由稱做 **pit** 的凹洞與稱做 **land** 的平面部分組成。

　　讀取 CD 或 DVD 的資料時，會用雷射光照射光碟。pit 會漫射掉雷射光，接收器收到的光較弱；land 則會反射大部分雷射光，接收器收到的光較強。所以讀取裝置可以藉由反射光的強弱來判斷有沒有 pit 存在。

　　光照射到 pit 與 land 上會產生不同現象，CD 與 DVD 就是藉由這種差異來記錄資料。讀取光碟時，在 land 轉變成 pit 或是 pit 轉變成 land 的位置會讀到「1」，沒有變化的話會讀到「0」。

　　這種由光的強弱變化讀取資訊的機制很有效率，但 CD 或 DVD 等光碟容易受損、髒汙。當光碟有污損時，就不容易讀取到資料。

　　這就會用到微分。觀察微分後的圖形會發現，光的強弱無變化時，微分為 0；光的強弱出現變化時，微分會是＋或－。即使光碟有污損，微分值仍會是原本的＋、－、0，不會有太大的改變。所以光碟機會利用微分，使讀取光碟的過程更為順利。

從光碟上讀取資料

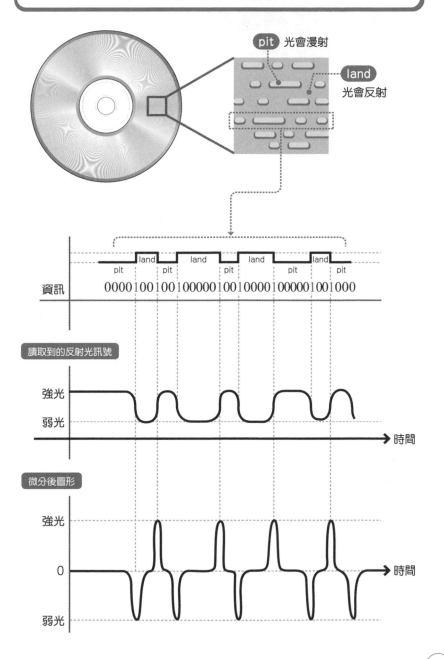

04 新冠病毒的新指標「K值」

預測最新感染狀況

🖊 用微分來預測流行程度正在擴大還是縮小

　　新型冠狀病毒於 2020 年開始流行，而 **K值** 是用於判斷新冠病毒流行程度的新指標。如右頁公式所示，K值是「最近一週的確診人數」除以「累積確診人數」。設累積確診人數為橫軸（x軸），最近一週的確診人數是縱軸（y軸），那麼座標平面上，某點與原點的直線斜率就是K值，這也是微分的應用。

　　剛開始流行時，最近一週的確診人數與累積確診人數相同，故K值為1。當最近一週的確診人數為0時，K值也會是0。當K值為0.5時，表示累積確診人數是最近一週確診人數的兩倍。K值越接近1，就表示流行程度正在擴大；K值越接近0，就表示流行程度正在縮小。

　　舉例來說，假設某國的K值變化如右頁圖中的A、B、C。先看點A，點A的累積確診人數（x座標）為104，最近一週的確診人數（y座標）為89，K值（直線OA的斜率）的計算如下表所示，其他情況也一樣。

點	最近一週的確診人數：y	累積確診人數：x	K值：$y \div x$
A	89	104	0.856
B	160	16,673	0.0096
C	142,501	1,979,868	0.072

這個K值可以協助我們掌握、預測傳染病的流行程度。

用於預測確診人數的K值定義

用於描述流行狀況的K值定義如下

$$K值 = \frac{最近一週的確診人數}{累積確診人數（所有確診數）}$$

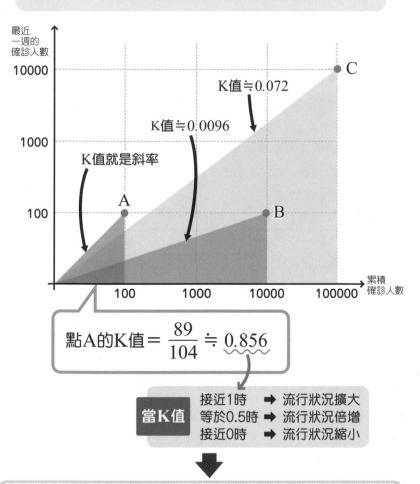

最近一週的確診人數

10000 C

K值≒0.072

K值≒0.0096

1000

K值就是斜率

100 .... A .... B

累積確診人數

100   1000   10000   100000

$$點A的K值 = \frac{89}{104} \risingdotseq 0.856$$

當K值

接近1時 ➡ 流行狀況擴大
等於0.5時 ➡ 流行狀況倍增
接近0時 ➡ 流行狀況縮小

K值可用於預測傳染病的流行狀況

05 用積分 預測櫻花前線

✏ 如何預測櫻花的開花時間？

　　日本每年都會用積分來預測櫻花的開花時間。櫻花的花芽會在開花前一年的夏天形成。過了秋天進入冬天後，花芽會進入休眠狀態。隔年，經過一定期間的低溫後，就會從休眠中甦醒，這個過程又叫做**打破休眠**。

　　預測櫻花開花時間時，會以這個打破休眠的日子為基準，加總過去的溫度變換日數（DTS），當DTS累積到20日至21.5日（依地點而定）時，就是櫻花的開花日。

　　15℃時，花芽的DTS為1（日），其他溫度的DTS可由右頁公式算出。譬如5℃的DTS為0.3日、10℃的DTS為0.55日、20℃的DTS為1.74日、25℃的DTS為3.3日，計算過程有些複雜，故此處省略說明。算出每一天的DTS之後再陸續加總起來，累積到20日至21.5日時，就是櫻花開花時間。這種將時間細切成一日一日，再加總DTS起來的過程，與微積分的概念十分相似。

✏ 用更簡單的方法來預測東京櫻花的開花時間

　　預測東京的櫻花開花時間時，有所謂的「600度法則」以及「400度法則」。從2月1日起，「最高氣溫」的加總超過600度時就會開花，這就是「600度法則」；從2月1日起，「平均氣溫」的加總超過400度時就會開花，這就是「400度法則」。不過這畢竟只是經驗法則，與實際開花日常有很大的落差，不過在預測大略的開花時間時很好用。**不管是哪種法則，都是加總氣溫，所以也都屬於積分的概念。**

櫻花的開花時期

溫度變化

$$DTS = e^{\frac{9.5 \times 10^3(t-15)}{288.2(t+273.2)}} = \exp\left\{\frac{9.5 \times 10^3(t-15)}{288.2(t+273.2)}\right\}$$

t：日平均氣溫（℃）／e、exp=2.71828……的無限小數

某年的東京櫻花開花日：3月14日

● 400℃法則下的預測開花日：3月16日（400.8℃）

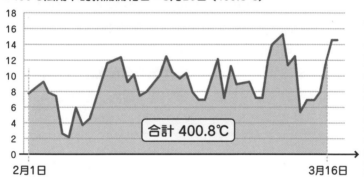

合計 400.8℃

2月1日　　　　　　　　　　　　　　　3月16日

● 600℃法則下的預測開花日：3月15日（610.6℃）

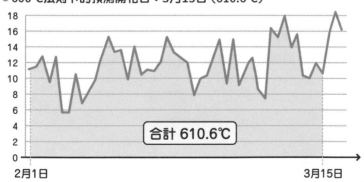

合計 610.6℃

2月1日　　　　　　　　　　　　　　　3月15日

06 用積分計算
是否有充電的必要

剩多少電量？

🏠 用積分計算殘餘電量

　　智慧型手機／iPhone已是我們生活中不可或缺的工具。偶爾可以看到有人突然發現電池電量不夠，急忙尋找可以充電的地方。以前的手機殘餘電量只分成三個階段，用到最後一個階段時，任何時候都有可能自動關機。相較之下，近年來的智慧型手機／iPhone會用％為單位顯示殘餘電量，計算殘餘電量時也會用到數學。

　　智慧型手機／iPhone使用的是**鋰離子充電電池**。手機充電時，**鋰離子會往負極移動**；使用手機（放電）時，鋰離子會往正極移動。我們可以從鋰離子往哪個方向移動，移動了多少，計算出電路中的電流總量。

　　但計算過程並沒有那麼容易，因為我們在使用智慧型手機／iPhone時，有時會關閉電源，有時會進入休眠狀態，有時會進入省電狀態，使電流頻繁改變。

　　這時就輪到積分登場了。**將電路內的電流對時間的變化寫成函數，再計算函數圖中的面積，也就是積分，就可以推測出電池的殘餘電量。**

如何得知電池殘餘電量？

功能型手機

iPhone／
智慧型手機

50%

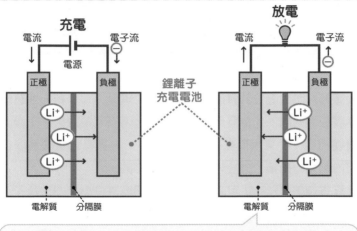

充電

電流 電子流

電源 ⊖

正極 負極

Li⁺ →

Li⁺ →

Li⁺ →

電解質 分隔膜

放電

電流 電子流

⊖

正極 負極

← Li⁺

← Li⁺

← Li⁺

電解質 分隔膜

鋰離子
充電電池

電流

時間

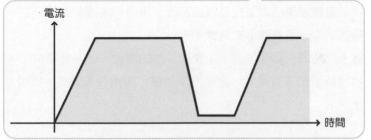

由面積求算電池的殘餘電量
➡ 用積分算出電池的殘餘電量

07 用積分證明地動說

積分改變了太空科學

🔎 克卜勒由積分結果得到的大發現

　　宇宙的中心是太陽，地球等行星繞著太陽公轉。這就是**地動說**。但過去人們曾認為地球位於宇宙中心，天球繞著地球旋轉，也就是所謂的**天動說**。哥白尼對天動說提出異議，不過藉由數學計算證明地動說的人是克卜勒。克卜勒花了許多年，正確計算出火星的軌道，發現火星是以橢圓狀軌道繞著太陽公轉。

　　火星離太陽越近，公轉速度越快；離太陽越遠，公轉速度越慢。觀察速度與距離的關係，會發現兩者間的變化沒有明顯規則。不過，如果像右頁圖那樣，計算火星在A、B、C點時，火星與太陽的連線在同樣的時間內劃過的面積，會發現三者的面積相同。

　　計算這幾塊面積時，可以將這些區域切成許多小小的三角形，計算個別三角形的面積再加總起來，也就是用微積分的概念來計算面積。

　　這個計算結果成為了地動說的基礎，也是行星運動的規則之一，以克卜勒的名字命名為**克卜勒定律**。

　　笛卡兒在同一個時期提出了座標平面的概念，使各種現象、運動能夠用數學解析的方式呈現，這些方法也被牛頓用在流數法（微積分）與力學上。

地動說與克卜勒定律

● 地動說

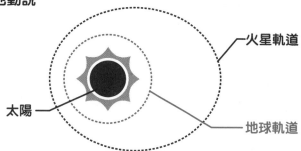

火星軌道

太陽

地球軌道

● 克卜勒定律

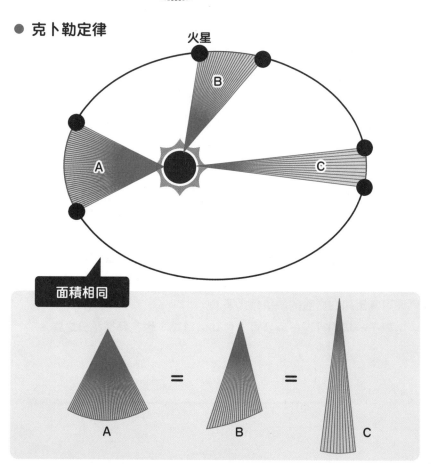

火星

B

A

C

面積相同

A ＝ B ＝ C

將距離、速度、加速度串聯起來的微積分

如果在3小時內前進120km，那麼時速就是$120 \div 3 = 40$km／h。若1小時內時速一直固定在40km／h，那麼我們就不需知道每分每秒的速度分別是多少，也不需要微積分理論或時速錶。但道路上的汽車有時跑得很快，有時卻會停在紅綠燈前，速度每分每秒都在變化。如果每分每秒都要計算除法，才能得到速度的話，那就太麻煩了。當我們想要自動計算出這種瞬間的微小變化時，就會用到微分。

我們曾學過「距離÷時間＝速度」、「速度÷時間＝加速度」，但它們原本的定義應該是：

> 「距離÷瞬間的時間」＝「距離對時間微分」＝速度
> 「速度÷瞬間的時間」＝「速度對時間微分」＝加速度

微分與積分互為逆運算，所以加速度對時間積分會得到速度，速度對時間積分會得到距離。另外，設加速度為a、距離為x、時間為t，我們便可寫出如右頁般的微積分式子。

車子一年約行走一萬公里，會知道這點，也是拜微積分之賜。

微積分與物理的關係

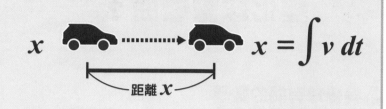

$$x \qquad\qquad x = \int v\, dt$$

距離 x

距離 (x)
對時間 (t)
微分

速度 (v)
對時間 (t)
積分

$$v = \frac{dx}{dt} \qquad\qquad v = \int a\, dt$$

速度 v

速度 (v)
對時間 (t)
微分

加速度 (a)
對時間 (t)
積分

$$a = \frac{dv}{dt} \qquad\qquad a$$

加速度 a

09 為什麼 變化球會彎曲？

✏ 與棒球有關的數學

　　棒球比賽可以說是投手與打者間驚心動魄的心理戰。即使投手的球速很快，如果只會投直球，還是會被打者打出去，所以投手投球時還會混入各種變化球。投手投出變化球時，會讓棒球以各種方式旋轉，藉此改變球的軌道。這種因為球的旋轉而改變軌道的現象，稱做**馬格納斯效應**。以下就讓我們來看看這是什麼樣的現象吧。

　　從棒球的正上方看下來。假設球正在順時鐘旋轉，並往前移動，此時空氣由前往後流動。球右側的空氣流動與球的旋轉方向相同，空氣與球表面摩擦後會加速；相對的，球左側的空氣流動與球的旋轉方向相反，空氣與球表面摩擦後會減速。空氣流動較快的右側氣壓會變低，空氣流動較慢的左側氣壓會變高（又稱做「**白努利定律**」）。左右兩邊產生氣壓差後，這個氣壓差就會讓球從氣壓較大的左側往氣壓較小的右側轉彎。

　　由壓力差造成的力稱做**升力**。提到升力，一般人應該會想到讓飛機上升的力量。但升力不只發生在垂直方向上，也會發生在水平方向上。譬如本例中的棒球，以及利用升力前進的風帆運動等，都是水平方向升力的例子。

變化球的機制

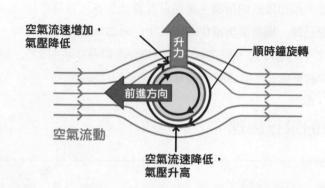

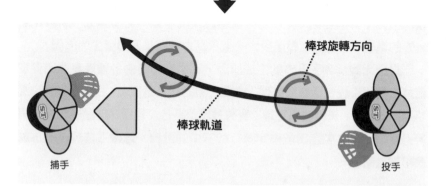

因氣壓差，使棒球受到由左往右的力量（升力）

10 為什麼飛機能在空中飛？

✏️ 飛機飛行時會受到各種不同的力量

飛機已是我們日常生活中不可或缺的交通工具。經過許多實驗與計算後，才能製造出能飛的飛機，而這些計算也包含了各種微積分。

飛機飛行時，機翼能夠提供飛機往上的升力。除了升力之外，飛機還會受到往下的重力、往前的推力、妨礙前進的阻力等4種力。妥善調整這4種力的平衡，才能讓我們擁有舒適的空中體驗。

✏️ 飛機的飛行原理

飛機機翼的剖面如右頁圖示，機翼上緣有一定弧度，下緣則相對平緩。圖中，空氣從機翼的左方往右流動，碰到機翼後會分成上下兩股氣流。飛機機翼周圍會產生某種空氣循環，使得機翼上方的空氣流動較快，機翼下方的空氣流動較慢。流速越快的空氣，氣壓越低，所以比起上方的氣壓，下方的氣壓還要大，這種壓力差就是升力誕生的原因。

以上大致提到了升力的生成原因，不過升力是由各種複雜原因疊加而成，具體來說包括**庫塔條件**（機翼周圍的空氣循環）、**白努利定律**（馬格納斯效應）、**流線曲率定理**（寬德效應）等各式各樣的理論與計算，再經過實驗後，才製造出能穩定飛行於空中的飛機。**建構這些理論時，就會用到微積分。**

產生升力的機制

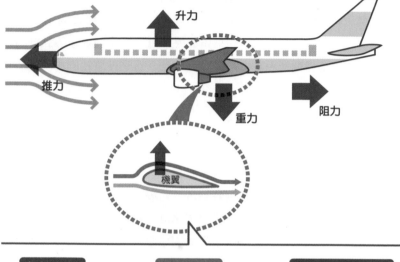

升力

推力

重力

阻力

機翼

氣流分離

上面

機翼

氣流循環

機翼

庫塔條件

上方氣流：較快

機翼

下方氣流：較慢

白努利定律

下面

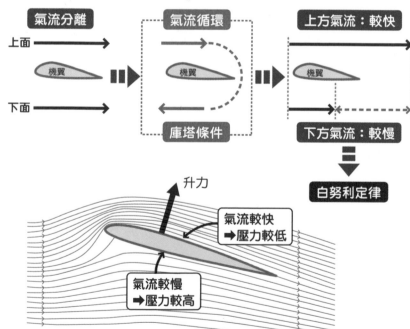

升力

氣流較快
➡壓力較低

氣流較慢
➡壓力較高

🖊 寬德效應

　　像是氣體或液體這種，稍微施加力量後，就能輕易改變外型的東西，稱做**流體**。對流體施加力量時，會產生抵抗這股力量的阻力。這種性質稱做**黏性**，具有黏性的流體稱做**黏性流體**。而空氣、水等黏性流體會沿著物體表面轉彎的現象，叫做**寬德效應**。這裡就讓我們用一個簡單的實驗來感受寬德效應吧。

🖊 實際體驗看看！

　　如右頁圖示，打開水龍頭，拿一只湯匙，使湯匙的外側緩緩靠近水流。足夠接近時，水龍頭的水流會被湯匙拉過去。

　　或者像右頁般，將多個氣球連接成環狀，然後從斜下方用吹風機吹向這些氣球，此時串聯成環的氣球就會開始旋轉。氣球之所以會在空中旋轉，是因為兩種氣流的作用力。

　　第一種是沿著氣球邊緣流動的氣流，這種氣流會對斜下方施力，而反作用力便會將氣球往斜上方推進。整體氣球就是靠著這種力浮起來的。

　　第二種是吹到氣球上的氣流，會讓氣球在空氣阻力的影響下開始旋轉。吹風機的風能讓肥皂泡飄浮起來，這也是寬德效應的一種。這些性質可應用在飛機的飛行上。

實際體驗寬德效應

● **用自來水與湯匙來做實驗**

❶ 拿湯匙靠近水龍頭的水　❷ 水會被湯匙吸引過去

● **氣球與吹風機的實驗**

❶ 拿吹風機吹向
連接成環狀的氣球　❷ 開始旋轉

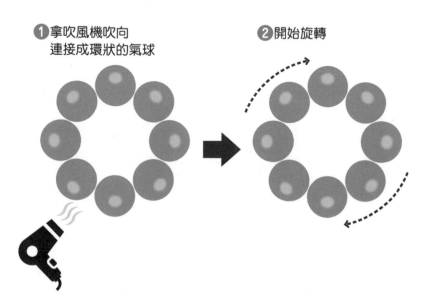

🖊 為什麼直升機要有兩個旋翼？

　　小時候的我們總會想像，如果將竹蜻蜓般的直升機旋翼裝在頭上，或許就可以自由飛翔在天空。事實上，如果在頭上裝了一個竹蜻蜓般的直升機旋翼，並使其旋轉，那麼自己的身體就會因為**反力矩**而往與旋翼相反的方向旋轉。順帶一提，據說動畫中出現的這類飛行裝置並不是藉由旋翼的旋轉獲得升力，而是產生使重力無效化的反重力場。

　　這種飛行裝置的靈感來自直升機。直升機可藉由主旋翼（外型與螺旋槳類似）旋轉時獲得的升力往上飛。直升機旋翼的剖面圖形狀與飛機的機翼類似。

　　在旋翼只有一個時，若旋翼逆時鐘旋轉，則會產生一個順時鐘方向的反力矩作用在直升機上，以達到力矩平衡。

　　為了解決這個問題，直升機一般會裝設兩個以上的旋翼，抵銷這種旋轉運動。譬如有些直升機的後方會裝設一個垂直旋轉的尾旋翼，防止直升機機體旋轉，稱做尾翼式。有些會在直升機前後各裝一個旋翼，稱做縱列旋翼式。有些會在左右各裝一個可傾斜的旋翼，稱做傾轉旋翼式。近年來常見的無人機則會使用四個旋翼，稱做四軸式。

直升機有幾個旋翼？

旋翼

旋翼的
旋轉方向

旋翼的
旋轉方向

反力矩 旋翼的旋轉方向

只有一個旋翼的話，機體會往反方向旋轉

● **旋翼的種類**

主旋翼

尾旋翼

尾翼式

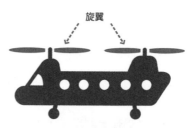

旋翼

縱列旋翼式

傾轉旋翼式

四軸式＝無人機

11 照片像素（pixel）與積分的關係

🔶 將數位相機的圖片一直放大之後

以前人們會用底片單反相機或即可拍（拋棄式相機）來拍攝照片，現在則多使用數位相機或智慧型手機和iPhone來拍攝。以前用底片單反相機拍攝結束後，需把底片拿去沖洗店洗成照片。現在就算不沖洗，也可以在電腦、智慧型手機上、iPhone等設備直接看到拍出來的照片，非常方便。

我們一般會用○千萬像素來表示數位相機、智慧型手機、iPhone的性能。像素的英文是 **pixel**，是影像上的點（也稱做**dot**）的顏色資訊。

因為現在數位相機的性能很好，所以我們在數位相機、智慧型手機上看到的影像並不遜於一般照片。但如果把影像一直放大，就會出現魔術方塊般的正方形。這些正方形就是像素（pixel）。像素（pixel）越小，就越能呈現出細節部分，越接近真正的照片。將這些細小的像素（pixel）聚集在一起之後，就可以得到照片。

這種把圖片切成許多小像素的過程就相當於微分，而將許多小像素集合起來，得到實體照片般鮮豔影像的過程，就相當於積分。善用微積分的概念，就可以在電腦上處理照片（影像），使照片與我們更為親近。

數位相機的圖片是由許多小點組成

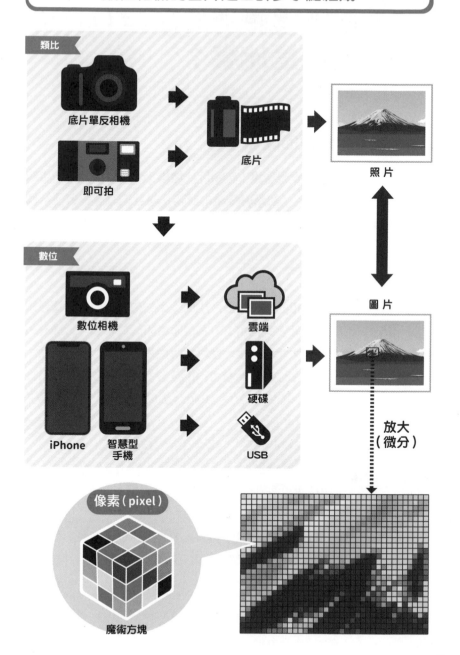

類比

底片單反相機

即可拍

底片

照片

數位

數位相機

iPhone

智慧型手機

雲端

硬碟

USB

圖片

放大
（微分）

像素（pixel）

魔術方塊

12 最近常聽到的像素（pixel）究竟是什麼？

由點組成的影像

畫質與像素數的關係

前面我們介紹了什麼是像素（pixel）。像素（pixel）就是點（也叫做 dot）的顏色資訊。為了加深對像素的認識，讓我們來談談各種常聽到的解析度（畫質），Full HD（2K）、4K、8K 分別是什麼意思吧。

什麼是像素數？

像素數顧名思義，指的是一張圖片中的像素個數。譬如 100 萬像素（1 mega pixel）的影像，就是由 100 萬個像素組成的影像。影像一般是長方形，如果把像素數想成面積，便可拆解成長 × 寬。

舉例來說，如果智慧型手機的相機設定是「1920×1080 像素」，那麼像素數就是 $1920 \times 1080 = 2,073,600 = 207$ 萬 3600 像素。這又叫做 Full HD（2K）畫質（K 是 1000 倍的意思。$1920 \times 1080 \fallingdotseq 2000 \times 1000 = 2K \times 1K = 2K$，故略寫成 2K）。

近年來，我們也很常聽到 4K、8K 等字眼。4K 是 2K 的兩倍，由 $3840 \times 2160 = 8,294,400$ 像素構成；8K 是 4K 的兩倍，由 $7680 \times 4320 = 33,177,600$ 像素構成。

像素數只代表像素的數目，像素再多，要是顯示器不夠好，就沒辦法呈現出高畫質圖片。同樣的，就算用很好的顯示器，要是圖片的像素不多的話，也不會呈現出好畫質。

HD、Full HD、4K、8K 分別是什麼？

● HD、Full HD、4K、8K 的差異

畫質	像素數	
HD（高畫質）	1280×720	921,600≒92 萬像素
Full HD（超高畫質/2K）	1920×1080	2,073,600≒207 萬像素
4K	3840×2160	8,294,400≒829 萬像素
8K	7680×4320	33,177,600 ≒ 3318 萬像素

● Full HD、4K、8K 之間的關係

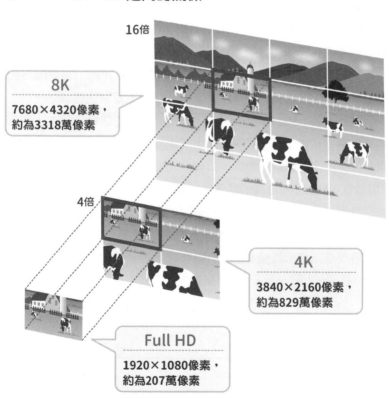

16倍

8K
7680×4320像素，
約為3318萬像素

4倍

4K
3840×2160像素，
約為829萬像素

Full HD
1920×1080像素，
約為207萬像素

13 AI、機器學習、 深度學習的介紹

🏠 用在最新科技上的微積分

　　人工智慧（AI）、機器學習、深度學習都是近年來常聽到的詞彙。這些領域中也很常用到微積分。

　　人工智慧（AI）、機器學習、深度學習之間的關係如右頁所示，機器學習是人工智慧的一部分，深度學習是機器學習的一部分。

　　所謂的人工智慧（AI：Artificial Intelligence），是讓電腦模仿人類的思考模式運作的技術。可能有很多人認為人工智慧是近年來才出現的研究，但其實在第一次人工智慧熱潮的 1956 年時，在美國召開的達特茅斯會議中，約翰・麥肯錫就開始使用人工智慧這個詞了。

　　機器學習（ML：Machine Learning）則是讓電腦模仿人類學習模式的技術。具體來說，是將電腦上的影像、聲音、文字轉換成數值，讓電腦依據數值資訊進行判斷。要做到這點，必須讓電腦找出輸入電腦的 x 與自電腦輸出的 y 之間的關係、規則。

　　然而機器學習本身並不知道「如何做出判斷」。如果對一個人說「做出適當判斷」，這個人就會自動做出適當判斷，但電腦做不到這點，所以必須提示電腦具體的判斷步驟才行。這些具體的步驟就叫做**演算法**。Deep Learning（深度學習）就是演算法的一個例子。

函數、微積分撐起了 AI

● 人工智慧、機器學習、深度學習

人工智慧（AI：Artificial Intelligence）

讓電腦模仿人類的思考模式運作的技術

機器學習（ML：Machine Learning）

讓電腦模仿人類學習模式的技術
➡將電腦上的影像、聲音、文字轉換成數值，
讓電腦依據數值資訊進行判斷

資料

關係性與規則性

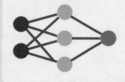

Deep Learning（深度學習）

一種機器學習的方法（演算法）

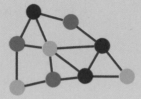

🖊 深度學習如何使用數學

　　以下就讓我們以影像辨識為例，說明深度學習（Deeplearning）會用到哪些數學。

　　舉例來說，假設有一張右頁般的貓的影像。將這個影像輸入有深度學習功能的電腦後，會輸出「貓」這個字。現代的電腦可以做到很多事，但電腦本身處理的資料和以前一樣，都是0和1兩種數值。所以電腦必須將資料轉換成0與1等數值，才能進行計算。

　　電腦進行深度學習的時候也一樣。人類看到貓的影像時，馬上就能判斷出這是貓，甚至能分辨貓的品種。然而電腦會先將貓的影像轉換成數值，計算後再以算出來的數值判斷這是貓。

　　在這個過程中，將輸入數值轉換成其他數值的計算，就是所謂的函數。影像辨識的過程可以想成是函數的計算過程。

　　以下要介紹的是將影像資料轉換成數值的過程。就像我們在「照片像素與積分的關係」中介紹的一樣，將影像資料放大後，會發現影像是由一個個小點聚集而成，這些點的顏色資訊就是像素（pixel）。

　　顏色可以用RGB等光的三原色來表示。所有的顏色都可以分解成R（紅）、G（綠）、B（藍）的強度加總。黑色的R（紅）、G（綠）、B（藍）皆為0；白色的R（紅）、G（綠）、B（藍）皆為255。右頁圖中的貓的顏色為R（紅）127、G（綠）211、B（藍）241。

　　電腦會將這些數值進一步轉換成0與1，再用函數計算出具體結果。計算結果會以機率的形式輸出，如右圖所示。既然是機率，就表示有可能會出錯。SNS標註照片中的人時可能會標註錯誤也是這個原因。

電腦用函數進行影像辨識

影像

人類的判斷

貓

電腦的判斷

放大

數值化（光的三原色［RGB］）

白：□	黑：■	灰：■
R(紅) 255	R(紅) 0	R(紅) 127
G(綠) 255	G(綠) 0	G(綠) 211
B(藍) 255	B(藍) 0	B(藍) 241

函數

貓： 90%
狗： 5%
其他：5%

以下就來介紹幾種人工智慧深度學習中會用到的函數。

階梯函數（Heaviside階梯函數）

請參考右頁。座標平面左半邊（x為負值時）的y值為0；座標平面右半邊（x為正值時）的y值為1。這種函數就叫做**階梯函數**。

$$y = \begin{cases} 1 \ (x \geqq 0) \\ 0 \ (x \leqq 0) \end{cases}$$

恆等函數

恆等函數乍聽之下很難，其實一點也不，請參考右頁。寫成數學式後會是「$y = x$」的一次函數。以「$x = 1$」代入後會得到「$y = 1$」；以「$x = 2$」代入後會得到「$y = 2$」。這是一個輸入值「x」與輸出值「y」恆一致，「不會改變」的函數。

ReLU函數（Rectified Linear Unit：現行整流函數）

ReLU 函數如右頁圖所示，座標平面左半邊（x為負值）的y值為0；座標平面右半邊（x為正值時）的y值與恆等函數相同，為「$y = x$」。（寫成單一數學式的話會是「$y = max\{0, x\}$」，稍微有些複雜）。

Sigmoid函數

如右頁圖所示，這種S型曲線叫做 Sigmoid 函數。它的數學式有些複雜，故不在此介紹。

用哪個函數進行深度學習是關鍵

● **人工智慧中使用的函數**

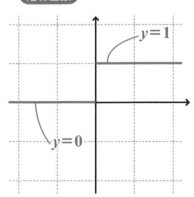

階梯函數

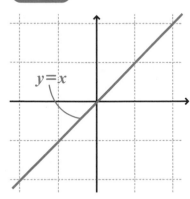

恆等函數

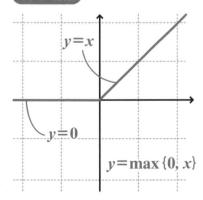

ReLU 函數

$$y = \max \{0, x\}$$

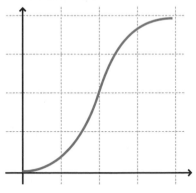

Sigmoid 函數

AI的應用例子

　　SNS（社群網站）已是我們日常生活中不可或缺的服務。我們可以隨意地在網站上貼出文章或照片，然而SNS的發展也會產生新的問題，那就是安全性。為了讓人們能更自在地使用，SNS一般也會允許使用者貼出不恰當的內容（文章或影像）。要是服務端沒辦法管理內容的話，就沒辦法保證社群的安全性。然而，人們每天在SNS上貼出的文章、照片可以說是以億為單位，根本不可能以人工方式一個個判斷內容是否恰當。所以需要能夠自動判斷、處理SNS內容的電腦程式，以保障SNS的安全。這時就會用到能夠辨識影像的AI技術。

AI能夠辨識影像與聲音

　　隨著影像辨識技術的發展，相關技術已陸續被應用在影像辨識結帳、無人商店（Amazon Go等），甚至是汽車、公車的自動駕駛上。在新冠病毒等傳染病流行時，無人商店可以減少人們面對面的機會，遏止病原體傳播。未來，技術成熟的自動駕駛將可減少交通事故。

　　不只是影像辨識，聲音辨識也因為智慧音箱（AI音箱）的普及而逐漸融入我們的生活。想必您應該也聽過Alexa、Siri等搭載在智慧音箱上的AI助理。聲音辨識功能會將聲音資料與文字資料互相配對，使電腦能夠將聲音轉換成文字。使用者可用語音命令智慧音箱（AI音箱）播放音樂或廣播，收集新聞、天氣等資訊，用更自在的方式執行這些功能。

　　深度學習可以處理大量資料，提升影像辨識、聲音辨識的效率。而**影像辨識、聲音辨識的後面，皆由各種函數與微積分等工具支撐著。**

逐漸融入我們生活的AI

● 影像辨識

人物辨識

影像辨識結帳

英餐包	150 日圓
肉桂捲	180 日圓
菠蘿麵包	130 日圓
巧克力捲	160 日圓
合計	620 日圓

自動駕駛

無人商店

Amazon Go

● 聲音辨識

商品名稱	Amazon Echo系列
AI助理	Alexa

第 5 章

賦予角色生命的
微積分

01 決定動畫或遊戲中的角色位置

微分是動畫、遊戲不可或缺的工具!?

皮克斯動畫工作室製作了玩具總動員、怪獸電力公司等著名動畫。**這些由皮克斯製作的動畫,背後其實是由數學支撐著。**

製作動畫或遊戲時,首先要決定角色的位置。這時候必須使用座標平面與座標。

讓角色移動時,需對座標進行加法或減法;放大或縮小角色時,則需使用乘法或除法。旋轉角色時需要輸入角度,所以會用到三角函數等會用到角度的函數。

不只是移動角色,就連設計角色時也需要知道座標才行。如右頁所示,將座標上的圖形一直放大後,可以看到很大的眼睛。原本角色的眼睛看起來是黑色的沒錯,但放大之後會發現,眼睛不是只有全黑的像素,也會用到沒那麼黑的像素。其實我們平常只會注意到一部分的像素而已。這些像素的顏色經過數學轉換後,便可製成動畫。

當我們把圖像放大再放大,這時看到的細微部分……沒錯,就是用微分處理。我們會用微分簡化細微的部分,再用積分把所有細微部分集合成一個角色。

活躍在座標平面上的動畫角色

● 用數學表示座標平面上的運動

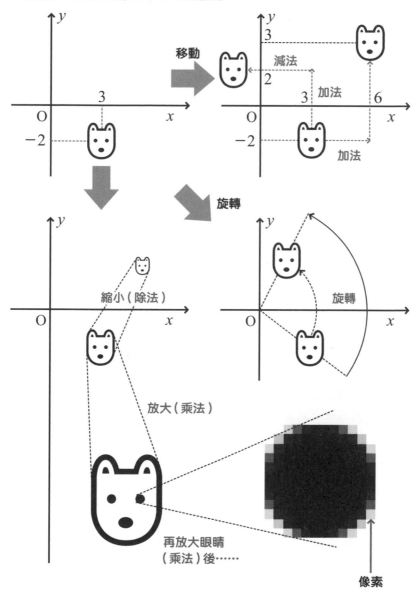

再放大眼睛
（乘法）後……

像素

02 如何製作3D角色？

✏️ 用電腦製作模型

在這個年代，受歡迎的不是只有二維的動畫或遊戲，三維（3D）的動畫或遊戲也很有人氣。製作3D角色時，需使用電腦建立模型。過去的模型會用黏土之類的實體材料製作出角色，現在的3D動畫或遊戲角色則會使用電腦建模。

✏️ 3D角色的製作步驟

❶ 用電腦在三維空間中的特定位置，標出許多點。

譬如右圖標出了座標(2, 3, 4)。

⬇

❷ 將標出來的各點一一連接起來。

⬇

❸ 連接完成後就可以得到角色或物體的輪廓。

這些由點形成的輪廓，就叫做線框模型。

⬇

❹ 在表面貼上圖樣，3D模型就完成了。

活用座標，就可以製作出許多有趣的動畫與遊戲。

3D 模型的製作過程

黏土模型

❹完成3D模型

❶在電腦上標出許多特定位置的點

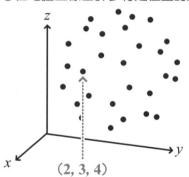

$(2, 3, 4)$

❸製成線框模型

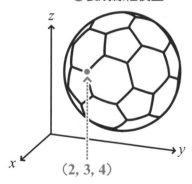

$(2, 3, 4)$

❷在電腦上將點與點相連

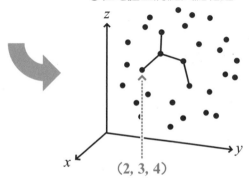

$(2, 3, 4)$

03 「草」剛好很適合用函數來表現！

✏️ 要一個個畫出3D風景實在相當費工夫

動畫或遊戲中不是只有角色，還需要風景。如果這些作品能把我們平時不會特別注意的自然風景一一呈現出來是再好不過，但這得耗費相當大的資源。

這時候就要用到數學與電腦的力量。這些工具可以找出自然風景的共通性質，並將其數學式化、數值化。

當然，想在電腦上製作出自然風景，不能只是坐在電腦桌前，而是要親眼觀察平常不曾特別注意的風景。在觀察的過程中，或許可以想到一些好點子，將自然風景的共通性質轉換成數學式。

✏️ 如何在電腦中重現出草的形狀

以草為例，草是曲線，或者說可以由曲線組合而成。曲線的數學式有無限多個，譬如 $y=x^2$、$y=\sqrt{x}$、$y=x^3$……等。一般會認為「應該要從比較單純的曲線開始試試看」，不過再單純也不能用直線來畫草。這裡可以先用拋物線二次函數 $y=x^2$ 來試試看。取出二次函數的一部分，然後加上顏色、高度、寬度、角度之後，可以得到各式各樣的二次函數，接著再從中選取看起來像草的二次函數來用就可以了。

像這樣找出符合植物外形的曲線之後，就可以用一條條數學式創造、重現出規模壯大的風景。

試著用函數來表現草

● 哪種函數長得像草呢？

各種曲線（包括直線）

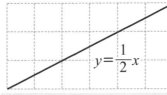

$y = \dfrac{1}{2}x$

$y = \sqrt{x}$

$y = x^2$

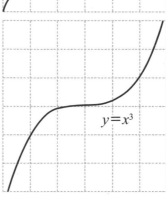

$y = x^3$

改變高度

改變寬度

04 用電腦重現出光的特徵

✏️ 為什麼不觸碰就可以感覺得出球的差異呢？

近年來的電影、電視、VR動畫、遊戲中的角色或物件，都可以呈現出近似於真實物體的顏色。在電腦的輔助下，我們才能輕鬆製作出這些高品質的作品。

請參考右頁的圖，一眼就可以看出圖中的兩顆球分別是保齡球和網球。為什麼我們不用碰觸就可以看出它們是什麼球呢？

之所以不須碰觸，是因為我們可以用眼睛判斷物體表面的材質。甚至可以判斷遊戲中的角色身上的衣物配件。

有很多種方法可以表現出角色或物件外觀，其中最有效果的方法是改變表面的反射情況。如右頁圖示，我們可以用光的鏡面反射與漫射，表現出不同的材質表面。

✏️ 如何製造出保齡球與網球的差異？

保齡球與撞球等球被照射時，會反射大量光芒。這些球的表面堅硬又平滑，所以反射光會呈現出球表面的閃亮光澤。相對的，網球表面有許多棉絮般的毛，反射光較少，沒有閃亮光澤，所以我們可以判斷網球表面由柔軟的材質製成。

也就是說，光線照射下，不同物體會呈現出的不同反射狀態，讓我們能藉由這些物體的表面狀態判斷他們是什麼物體。這種光線反射的差異，可以用來表現電影、電視中的物體質感與深度。

如何讓別人看出球的差異

一般人如何看出保齡球與網球的差異呢？

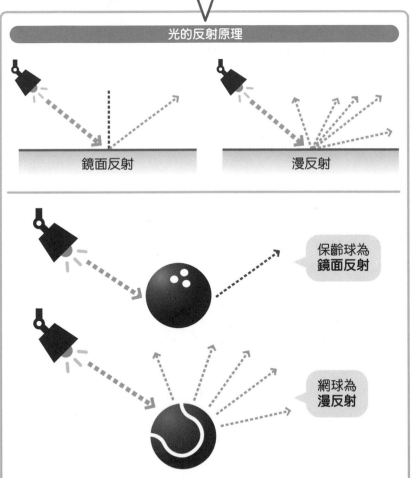

光的反射原理

鏡面反射　　　　　漫反射

保齡球為
鏡面反射

網球為
漫反射

第1章

第2章

第3章

第4章

第5章

✏ 用於表現3D效果的「雙向反射分布函數」

前面提到，我們可以用光的反射來表現物體的質感，深度。

光的反射方式可以表現出反射物的表面狀態，因此反射方式在數學上可以視為一種函數，稱做雙向反射分布函數（BRDF）。雙向反射分布函數可用來計算以某個特定角度入射的光，會以什麼樣的角度反射出去，是一個描述物體表面外觀的函數。

在電腦上決定物體表面一開始的顏色後，便可調整雙向反射分布函數中的反射率參數，決定光會完全反射出去、穿過、還是漫射。雙向反射分布函數可以從光的反射與鏡頭位置，計算出物體表面外觀。若表面會完全反射光線，便會像右頁圖中一樣形成高光。若表面是霧面，便會呈現出比較黯淡的顏色。

✏ 動畫、遊戲背後的微分

過去人們雖然能為物件上色、添加質感，卻很難控制光的反射。現在因為有了雙向反射分布函數，使我們能夠設定詳細的光線反射狀態。不只是保齡球的高光，就連動畫中角色眼瞳的高光（眼瞳內的光點）也可以用數學來表示。當然，包括玻璃、塑膠、木頭、人類皮膚等，都可以呈現出接近真實物體的樣子。

也就是說，我們身邊的任何物體，都可以用雙向反射分布函數來表現出該物體的特徵。雙向分布函數的數學式如右圖所示。看起來很難，但你不覺得這些符號有在哪裡看過嗎？沒錯，就是微分符號。也就是說，我們會利用微分來表現出動畫與遊戲中，物體的深度與材質。

由微積分製作出光的反射效果

高光

鏡子般的反射 ➡ 有光澤的新車

雙向反射分布函數

$$f_r(x, \overrightarrow{\omega_r}, \overrightarrow{\omega_l}) = \frac{dL_r(x, \overrightarrow{\omega_r})}{dE_i(x, \overrightarrow{\omega_l})}$$

$f = \dfrac{dL}{dE}$ 與微分符號 $\dfrac{dy}{dx}$ 形狀相同

✦ 微分可用來描述光的反射效果
✦ 光的反射可表現出物體的深度與質感

微分可表現物體的深度與質感

05 動畫是連續的微小變化 呈現出來的結果

微積分的概念與動畫相同！

　　動畫由一連串影像組成，相鄰影像間有著些微差異。將這些影像連續播放時，就會得到動畫。簡單來說，就像迅速翻動書頁的手翻書一樣。這種「在相鄰影像間做出些微差異的行為」就相當於微分，而「連續播放的行為」就相當於積分。也就是說，因為微積分的連續變化，才能製作出動畫。手繪這一連串影像時，會先畫出幾張關鍵影像，再畫出位於關鍵影像之間、逐漸變化的影像，使這些影像能順暢地連接在一起。不過，這樣就得繪製數量龐大的影像才行，相當耗費心力。所以這時候就需要電腦的幫忙。

　　讓電腦上的物件緩緩移動變化的過程，稱做 posing。Posing時，需先將物件的姿勢（pose）轉換成座標，然後讓電腦自動填滿兩個 pose之間的動作，得到動畫。

　　基本上，電腦並不曉得人類如何動作，所以創作者必須先建模，然後調整模型使其能做出看起來比較自然的動作。有很多種方法能讓物件在各種pose間平滑而不僵硬地運動，這些方法多與數學上的 spline 函數有關（我們將在P.164中說明什麼是spline（曲線尺）函數）。

　　另外，3D捕捉在世界三大國際會議之一，CVPR2020中是個很熱門的話題。3D捕捉可以從角色的外型推測角色骨架，再以推測出來的骨架運動。目前的3D遊戲中，角色的動作有時候還是會有些不自然，不過在CVPR2020會議中，已經有人能做出十分精細，與真人相差無幾的3D模型。看來3D模型還會持續進化。

動畫也是微積分的應用

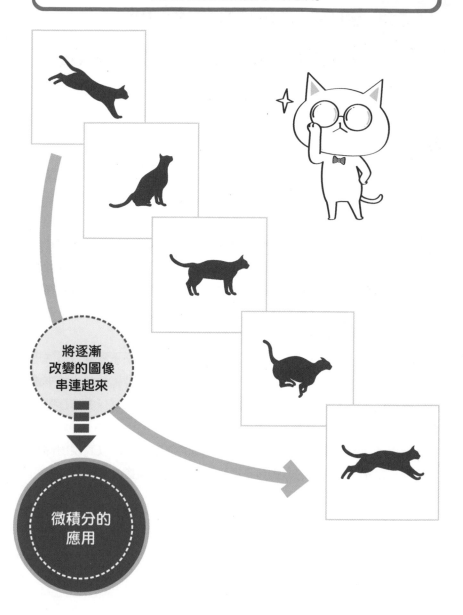

將逐漸改變的圖像串連起來

微積分的應用

用數學表現出自然的樣子

06 把僵硬的動作修到 自然平順的spline函數

✏️ 以spline曲線使物體移動得更自然

　　Spline（曲線尺）原本是製圖工具的名稱。這是一種柔軟而有彈性的細長板子。用spline畫出來的曲線，就叫做**spline曲線**。Spline曲線是通過數個點的平滑曲線，可呈現出多種不同曲線的樣子。

　　舉例來說，假設我們將足球丟向A地點，足球彈了幾下後到達B地點，如右頁圖示。電腦很擅長計算以一定速率在直線、折線軌道進行的運動，但現實中的球並不會沿著這種鋸齒狀軌道前進。在實際的物理學中，足球落下時速度會加快，上升時速度會減慢。我們可依照spline的形狀調整鋸齒狀軌道，使足球的運動看起來自然一些。

　　另一方面，保齡球的運動不像足球那麼會彈跳。不過電腦沒辦法理解足球與保齡球彈跳情況的差異，如果電腦用處理足球運動的方式來處理保齡球的運動，就會讓保齡球看起來沒有重量感，看著保齡球運動的我們也會覺得怪怪的。

　　所以，我們需要設定球在每個pose間的運動速度，以表現出球是重是輕。當然，光的反射方式並不會影響到球的重量感。

用spline曲線描述球的運動

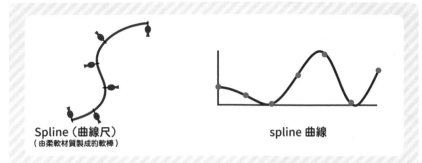

Spline（曲線尺）
（由柔軟材質製成的軟棒）

spline 曲線

在A地點丟球，彈跳後抵達B地點

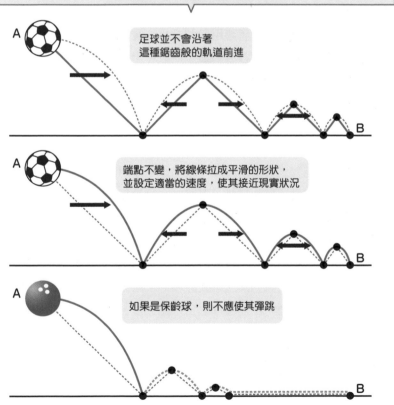

A

足球並不會沿著
這種鋸齒般的軌道前進

B

A

端點不變，將線條拉成平滑的形狀，
並設定適當的速度，使其接近現實狀況

B

A

如果是保齡球，則不應使其彈跳

B

07 角色的捲髮 是物理學的應用

用數學式來表示捲髮

電視劇或電影中，會用餐具破裂之類的畫面來表達不祥的預感。

同樣的，如果觀眾沒辦法一眼看出動畫或遊戲中的主角性格，就沒辦法融入劇情。所以創作者常會用服裝、髮型等外在形象來表現出角色的性格。

舉例來說，假設創作者想用髮型來反映登場人物的性格，然而要製作出一根根頭髮並不是件容易的事，所以會用各種方式模擬出頭髮的感覺。

創作者一般會用程式來描述頭髮的物理運動。用電腦進行數學模擬的話，就不需確認每根頭髮在特定時間的正確位置，可以大幅提升處理效率。

當然，要用程式模擬出捲髮，就必須用能用數學公式描述的東西，模擬出頭髮的運動，譬如彈簧。彈簧常在物理學的教科書中登場，是一個能夠公式化的模型。用彈簧為頭髮建模，使某些彈簧的彈性較大，某些彈性較小，就可以模擬出一頭自然擺動的捲髮。不過，即使用了很精緻的數學模型來模擬頭髮，只要和我們平常看到的頭髮不同，還是會讓我們覺得怪怪的，使我們無法融入故事中。所以用數學建立出來的模型必須經過很多次模擬，才能製作出自然的頭髮，讓觀眾能順利融入故事中。

用數學式來表現捲髮

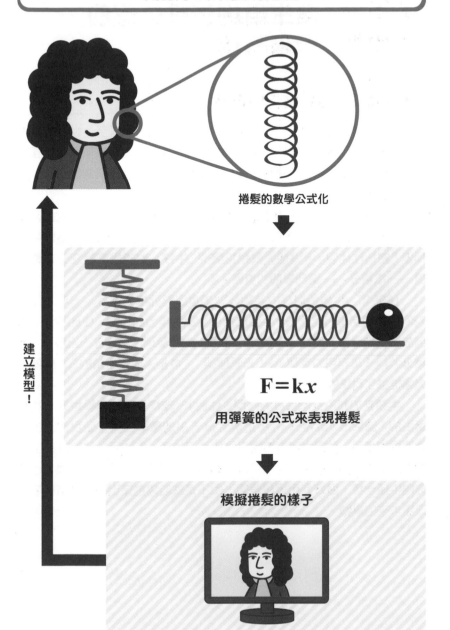

捲髮的數學公式化

$$F = kx$$

用彈簧的公式來表現捲髮

建立模型！

模擬捲髮的樣子

專欄

誕生自創造性休假的未來科學

▌牛頓的3大成就在何時達成？

　　2020年時，新冠病毒造成的傳染病在短時間內散播至全世界，成為了全球等級的災難。為了防止被傳染，許多人不得不改在自家遠端上課或上班。這次傳染病讓我們親身體驗到，平時被我們視為理所當然的事，突然變得遙不可及的感覺。

　　人類歷史上也曾發生過這樣的傳染病事件。那時就有個人利用待在家裡的時間進行研究，得到了足以改變未來世界的成果，使後人把這段期間稱做「創造性休假」。這個人就是艾薩克·牛頓，他的研究確立了本書主題 —— 微積分 —— 這門學問的發展。

　　1665年，牛頓所居住的英國倫敦爆發了黑死病大流行，一年內就有7萬5000名病患因此死去。牛頓就讀的劍橋大學因此封閉，使他不得不回到故鄉伍爾索普。而在大學封閉期間內，牛頓發現、證明了「流數法（微積分）」、「萬有引力定律」、「光學理論」，被後人稱做牛頓的3大成就，大幅推進了科學的發展。

　　牛頓善加利用突然獲得的時間（休假），改變了整個科學世界。此時誕生的「流數法（微積分）」，正是支撐著AI的數學工具，使我們的生活變得更加便利。要是牛頓沒有獲得這段休假的話，或許我們就沒辦法在AI的幫助下享受便利的生活。所以說，要是突然獲得了一段空閒時間，也請你向牛頓一樣，好好利用這段時間，說不定就能夠創造出微積分這種能夠改變未來的事物。

● 17 世紀，黑死病（傳染病）大流行

牛頓就讀的大學因為黑死病的流行而封閉

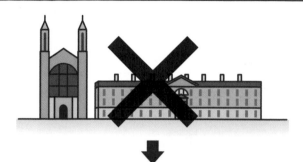

↓

返鄉期間達成了 3 項偉大的成就

💡 **萬有引力定律**
➡蘋果掉下的故事

💡 **流數法**
➡建構微積分的基礎

💡 **光學理論**
➡以三稜鏡分析光

● 2020 年，新冠病毒的全球大流行

全世界都限制外出

▼

利用這段期間來改變未來！

結語

「要走得快，就自己前進」
「要走得遠，就和大家一起前進」

在我聽到「這段話」時，不知為何地相當認同。
我教數學教了很多年，看過許多不擅長數學的學生。不擅長數學的原因很多，但大
部分的人都是一個人獨自煩惱著這些問題。每個人都有擅長與不擅長的事物，一個
人的能力有限。但請不用擔心，如果一個人做不到的話，集合眾人之力就可以解決
問題了。這就是前面這段話教會我的事。

我所任職的海上自衛隊中，團隊合作是基本工作模式。不管是艦艇、潛水艇、飛
機，操作時都需要團隊合作。所以隊員們需要學習合作的方法，一起解決事情。數
學也一樣。

我平常教授的飛行預官、飛行員學生中，有些人在進入自衛隊時不擅長數學，也有
人克服困難，順利修畢課程。我看到許多同年級的學生、學長姊、教官會主動去幫
助不擅長數學的學生，藉由團隊合作克服困難。一個人沒辦法解決的問題，就靠團
體合作來解決。如果本書也能像這樣幫助到不擅長數學的人們，那就太棒了。

最後，感謝編輯部的石谷直毅一直以來的照顧。沒有你的話，我就沒辦法完成本
書，也不會有這篇「結語」。請讓我用這個機會來表達我的感謝。

防衛省　海上自衛隊　小月教育航空隊　數學教官
佐佐木淳

插圖
nicospyder（@nicospyder）

參考文獻

《微分積分 最高の教科書 本質を理解すれば計算もスラスラできる》
（SBクリエイティブ／今野紀雄／2019年）

《眠れなくなるほど面白い 図解 微分積分》
（日本文芸社／大上丈彦／2018年）

《深層学習教科書 ディープラーニングG検定（ジェネラリスト）公式テキスト》
（翔泳社／2018年）

《人工知能プログラミングのための数学がわかる本》
（幻冬舎／石川聡彦／2018年）

《学校では教えてくれない！これ1冊で高校数学のホントの使い方がわかる本》
（秀和システム／蔵本貴文／2014年）

《知識ゼロからの微分積分入門》
（幻冬舎／小林道正／2011年）

《微分・積分の意味がわかる―数学の風景が見える》
（ペレ出版／野崎昭弘 他／2000年）

作者簡歷

佐佐木 淳

1980年出生於宮城縣仙台市。東京理科大學理學部第一部數學科畢業（學士），東北大學大學院理學研究科數學專攻畢業（碩士）。日本防衛省海上自衛隊數學教官。

日本數學檢定1級、思考力檢定（舊稱iML國際算數、數學能力檢定）1級、G檢定（JDLA Deep Learninig For GENERAL 2020#2）取得。

大學在學期間，曾於早稻田Academy補習班擔任講師，負責的是國二成績最差的一班。用山本五十六式的教學方法，從簡單的問題開始「做給學生看」、接著「讓學生自己反覆練習」、再「稱讚」學生做得很好，成功建立起學生的自信心。使班級的平均分數超越每年有多名學生考上開成中學、早慶附中等名校的前段班。

在那之後，曾進入代代木Seminar補習班任職，是該補習班最年輕的講師。現在則擔任海上自衛隊的數學教官，協助充實、拓展飛行預官的基礎教育。曾因功獲得3級獎章，在類事務官（事務官、技官、教官）中實屬異例。

著有《啟動數學腦這樣學》（木馬文化）。以及負責日本讀賣中高生新聞「理數」版擔任主編。

圖解超易懂微積分
掌握乘除概念，從入門到實用一應俱全

2021年4月1日初版第一刷發行
2023年9月1日初版第三刷發行

作　　　者	佐佐木淳	
譯　　　者	陳朕疆	
編　　　輯	吳元晴	
美術編輯	黃郁琇	
發 行 人	若森稔雄	
發 行 所	台灣東販股份有限公司	

　　　　　＜地址＞台北市南京東路4段130號2F-1
　　　　　＜電話＞(02)2577-8878
　　　　　＜傳真＞(02)2577-8896
　　　　　＜網址＞http://www.tohan.com.tw

郵撥帳號　1405049-4
法律顧問　蕭雄淋律師
總 經 銷　聯合發行股份有限公司
　　　　　＜電話＞(02)2917-8022

著作權所有，禁止翻印轉載，侵害必究。
購買本書者，如遇缺頁或裝訂錯誤，
請寄回更換（海外地區除外）。
Printed in Taiwan

TOHAN

國家圖書館出版品預行編目 (CIP) 資料

圖解超易懂微積分：掌握乘除概念，從入門
到實用一應俱全 / 佐佐木淳著；陳朕疆
譯. -- 初版. -- 臺北市：臺灣東販股份有
限公司, 2021.04
　172 面；14.7×21 公分
　譯自：図解かけ算とわり算で面白いほ
どわかる微分積分
　ISBN 978-986-511-628-6(平裝)

　1. 微積分

314.1　　　　　　　　　　　　110001128

ZUKAIKAKEZAN TO WARIZAN DE OMOSHIROIHODO WAKARU BIBUNSEKIBUN by Jun Sasaki

Copyright © 2020 Jun Sasaki
All rights reserved.
First published in Japan by Sotechsha Co., Ltd., Tokyo

This Traditional Chinese language edition is published by arrangement with Sotechsha Co., Ltd., Tokyo in care of Tuttle-Mori Agency, Inc., Tokyo.